文
景

Horizon

# 拉面

## 国民料理与战后『日本』再造

The Untold History of RAMEN

George Solt

[美] 乔治·索尔特 著

李昕彦 译

上海人民出版社

献给贝弗莉

看一个人吃果冻糖的样子就大概可以知道他是怎样的人。

——罗纳德·里根（Ronald Reagan）

# 目　录

# 引　言

## 日本的国民料理

　　大崎裕史（Osaki Hiroshi），54 岁，平均每年要吃下 800 碗拉面，以撰写拉面相关评论为业。大崎裕史在其著作《日本拉面秘史》中宣称自己曾造访日本列岛上 9 500 家拉面店，品尝超过 20 000 碗拉面 [1]，而他同时也是日本拉面银行网站（Ramen Bank）的创办人。该网站提供日本 35 330 家拉面店的相关资讯。大崎如其他热心的拉面世代成员一样，致力于改变大家对拉面作为劳动者 / 夜间饮食的印象，他的贡献也让拉面成为日本饮食文化中不可或缺的代表元素。大崎与其他伙伴让拉面在日本不再只是食物而已，而是成为观光收益的重要来源，同时也是失业工人的理想避风港，更是重新定义日本及其历史的重要依据。

　　只要谈到盐与猪油的用量、排队人潮、饮食指南、电视节目、博物馆，以及那一碗让人难以忘怀的味道，在日本就真的没有其他食物可以与拉面相提并论。拉面在年轻人心中的意义，已是那些真人秀制

---

[1]　Osaki Hiroshi, *Nihon ramen hishi* (Tokyo: Nihon keizai shinbun shuppansha, 2011), 223.

作人、漫画家与美食博主取之不尽用之不竭的创作泉源。如今，拉面已经成为日本的国民料理，而且也在海外饕客圈快速累积起人气。也许在海外人士的眼中，寿司、天妇罗与照烧料理更容易与日本饮食文化产生联结；不过回到日本国内，日式咖喱、饭团与便当这样的"B级美食"（B-class gourmet）才是伴随日本人度过那段战后时光的料理。不过，拉面也是自20世纪90年代起才被视为日本的国民料理。这其中的来龙去脉究竟如何？更重要的是，成因何在？为何日本媒体在过去二十年间将这道战后劳动者的代表食物视作国家认同的一种要素？另外，其与（特别是年轻族群）缺乏稳定工作机会的现象之间，究竟存在着什么样的关系？

即使是同样的人群，也可能对拉面抱持不同看法，认为拉面有不同的标志意义：文化的丧失（面食战胜米食）与维系（面条战胜面包）、劳动（建筑工人的午餐）与休闲（深夜饮酒后的碳水化合物补充）、衍生（中国影响）与发明（日式咖喱拉面），以及求快（速食面）与慢工（手作汤头）。如此一来，食物、国家认同与劳动之间的象征性联结就会不时呈现矛盾的情形，而且剪不断、理还乱。然而，任何企图讨论当代，尤其战后日本文化的议题，如果不先了解饮食，就没有办法看到全貌；任何对现代日本饮食文化的分析，若是忽视拉面在定义工人阶层方面的作用与其近年来对日本社会的重要影响，那也仅是只知其一不知其二。因此，本书在检视拉面历史的同时，也特别着墨于拉面取得难易及普及程度的背后逻辑，还有其在劳动力再生产与重塑国家认同上发挥的作用。

拉面在日本有许多不同样貌的化身，每一次的普及都与当时的政治经济条件有关，而这同时也是拉面在象征意义与物质重现方面的基础。拉面在构成与功能上的改变，也就是材料、价格与制作过程上的变化，都与两种因素有着极为深远的关系：一是 19 世纪后期到 20 世纪初期，随着现代工业经济转型，日本餐饮业出现的大规模变动；二是新食物与不同国家、地区、阶层及性别角色的关联在象征意义上的变化。借由突出物质层面的历史变化，本书推论，拉面的发展史是日本劳动力再生产与重新定义国家认同的最佳证明。

## 何谓"拉面"？

尽管拉面种类就像拉面师傅一样多，但一碗拉面最不可或缺的要素就是面条、汤头与调味酱汁。

**面条**（*men*）　由面粉、盐巴、水以及泡打粉混合水（碱水）制作而成。碱水是使拉面成色略黄、质地顺滑，既带有特殊气味又能增添嚼劲的关键。大致而言，越往日本西南部，拉面中的碱水比例就越少，而高碱水比重（水中含有 30%—40% 的泡打粉或碳酸氢盐）的拉面通常出现在日本的东部与北部。日本九州的博多拉面与冲绳群岛的冲绳拉面就不含碱水，而东京拉面与札幌拉面中的碱水含量就明显高了许多。

**汤头**（*shiru*）　以小火熬煮肉类、海鲜与蔬菜而成的汤。其中肉类多半来自鸡肉或猪肉（尤其是猪脚、猪背肉、猪肋排、猪肘，有时候也会用猪头肉），传统东京拉面店则会舍弃猪肉，只使用鸡肉熬煮汤头，而九州拉面店则会使用猪肉与猪骨来熬制。[1] 海鲜汤头中含有贝类、鱼干（通常是沙丁鱼或鲣鱼）以及昆布。蔬菜汤头的标准用料则是洋葱、青葱、姜与蒜头，不过近来也有些店会采用日本南瓜与马铃薯，像是东京大井町站附近的“Ajito”。这家店甚至还在蔬菜汤头中添加了苹果。

**调味酱汁**（tare） 通常有三种选择——盐味、味噌或酱油，它们可以丰富汤头的风味。有些拉面店拒绝使用任何调味酱汁，例如东京表参道的“Ramen Zero Plus”。不过几乎每位拉面师傅都拥有独家研发的调味酱汁，而且酱汁的秘方就像自家汤头的秘方一样，绝不外传。

独立经营的拉面店就像其他多数小型餐饮同业一样，也进入了挣扎求生的阶段。日本有超过 8 万家餐厅供应拉面，其中约有 3.5 万家专营拉面生意。每个地区都有其专属的汤头、面条与佐料，而且材料组合也不断推陈出新。业界亦有拉面店协会从中进行游说与协调，而上百万名拉面店的员工都得仰赖当地居民光顾以为生。拉面店的时薪标准目前是 800—1000 日元，相较于 1990 年时的 450 日元有一定提升；而一碗拉面的售价，在东京平均是 590 日元。[2]

---

[1]  牛肉和牛骨也可以用来熬制汤头，尽管其使用并不普遍。东京北千住站附近的拉面店“Gyukotsu Ramen Matadoru”有这种做法。

[2]  Japan Ministry of Internal Affairs and Communications, Bureau of Statistics, *2011 National Survey of Prices,* www.e-stat.go.jp.

# 拉面的历史

如今，我们与历史之间的联结不再，拉面就成了为日本传统魅力再发声的工具。

——速水健朗（Hayamizu Kenro）

不论走到日本哪个地方，想找一碗拉面来吃并非难事。拉面价格虽不算特别便宜，但通常会在可以负担的范围之内。[1] 拉面在日本战后时期所扮演的卓越角色，大概可与美国餐饮业中的比萨相媲美。正如其他深受日本人喜爱的食物一样，拉面本来也是一道来自异国的料理，后来才演变成为地道的日本美食。（长崎蛋糕源自葡萄牙的卡斯特拉蛋糕，咖喱饭源自英属印度，而意大利肉酱面则是由美国人带入日本的意大利美食。）拉面的发迹要溯源至中国，不过这道汤面料理在日本发扬光大，甚至成为日本人或非日本人心中的日本国民料理的象征，不论其普及程度还是受欢迎的程度，如今都已经不可与初传入时同日而语。

最早的时候，拉面在日本是一道便宜、美味又能填饱肚子的中华料理。尽管拉面的确切起源已不可考，不过它的确是在 19 世纪 80 年代由中国广东一带的移民引进日本的。当时，这些人主要在繁忙的横滨港口地区当餐厅厨师，烹煮食物供给外国人。那时候，中国厨师只

---

[1] 日本的拉面和美国的比萨有很多共性特点，主要包括异国来源、地方特色、遍布全国、物美价廉，以及与年轻人和劳动者的象征性关联。

有在招待来自同乡的工人与留学生时，才会端出这道汤面料理。到了19 世纪 90 年代，聘雇中国厨师的日本餐厅才将这道料理转变成为美味的日常料理。其使用的材料也与原来的中国版本有所不同，添加了像是炖猪肉、酱油与笋干这些不同的材料。于是，不论是白班工人、夜班工人、学生还是军人，都成为了这道汤面料理的固定主顾。

拉面本身就很复杂，而谈到拉面发展史更是各说各话。这道料理在日本最常见的名称就是"拉面"（Ramen），不过也有人以"支那面"（Shina soba）或"中华面"（Chuka soba）称之，而这两种名称的由来分别要追溯到 20 世纪初与 20 世纪 40 年代。"支那"这个名称与日本帝国时期的用语有关，其中交杂着日本现代帝国主义殖民侵略的历史背景（1895—1945）。直到日本在第二次世界大战中败给同盟国后，在中国政府的抗议之下，日本政府与主流媒体才停止使用"支那"一词。然而，比起"中国"（Chugoku）这样的中国中心主义用语，日本民族主义分子仍然偏执于使用"支那"。因此，尽管"中华面"在战后成为这道料理的主要名称，与"拉面"一词的交互使用也不会激起任何冲突，但是"支那面"仍然满载着过去的回忆（并伴随着政治理念上的冲突）。由此可知，仅仅是一道料理的名称，就包含了这么多的省略、修改与纠纷，在在为日本近代史增添了几分生气。

日本各地区都发展出了形态不同的拉面。在 20 世纪二三十年代快速发展的城市之中，无论是首都东京，或者北至札幌这样的区域中心，还是西南福冈市的博多区，中式汤面早已普及，成了现代都市生活形态兴起的标志性食物。这道便宜、快速的料理，含有盐分、动物脂肪与经过加工的面粉，能填饱肚子，完全符合现代工业生活的结构所需。旧有的生活形态，诸如工作、饮食与娱乐方式早已被取代——19 世纪末至 20 世纪初，日本工业化发展，同时城市化水平提高，中式餐厅与电影院逐渐取代原本城市样貌中的荞麦面摊与源自江户时代的传统落语[1]表演。如此一来，制造与食用拉面，就成了日本现代都市劳动者生活在这社会经济与政治快速变化的时期所不可或缺的条件。

拉面的普及程度亦随着 20 世纪二三十年代日本都市工作人口的增长而持续扩大。然而在 20 世纪 40 年代，日本民众享用拉面的乐趣却因战争带来的物资短缺问题而消失——先是 1937 年中国的全面抗日战争，接着是 1941 年爆发的太平洋战争。当战事于 1945 年 8 月止戈散马之后，别说是拉面无从取得，所有粮食都在连年轰炸、运输封锁与作物歉收的情况下出现短缺，也因此造成了日本长达两年的饥荒。不过到了 1947 年，美军紧急出口小麦到日本，之后拉面的生产与消费便开始大规模复苏。从美国（以及加拿大与澳大利亚）进口小麦的政策在 1952 年同盟国结束占领日本之后仍然延续着，而这也为日本及其他于冷战期间与美军同盟的东亚国家的饮食习惯带来了决定性的改变。

20 世纪 60 年代，拉面文化随着建筑业与重工业的扩张而在日本全国持续蔓延开来。后来到了 80 年代，拉面文化则因为受到引领潮流的年轻族群的喜爱，以及大众媒体的曝光而受到全国瞩目。知名地

---

[1]　落语，日本传统表演艺术。最早是指说笑话的人，后来逐渐演变成说故事的人（落语家）坐在舞台上，描绘一个漫长和复杂的滑稽故事。——译者

方店家也自行转型成为国内旅游景点。为因应那些想要一探究竟并讨论拉面汤头优缺点的读者的需求，不计其数的电视专题、杂志与旅游指南竞相报道最新、最棒的调配秘方。1994 年开幕的东京拉面主题乐园以及相关宣传活动，更是为拉面成为日本国民料理打下基础。拉面于 20 世纪 90 年代开始出口全球，其在海外作为日本代表性饮食的地位渐渐巩固，而日本国内在此期间针对拉面的讨论，则是聚焦于地区性选材、技术与专有名词的差异，以及明星大厨的种种怪癖及他们各自参与的真人秀节目。

拉面是日本国内记载最为详尽的料理之一。拉面的历史光是在起源问题上就众说纷纭，与拉面相关的史料更是车载斗量，莫衷一是。撇开无数以拉面为主题的电视纪录片来看，有关拉面的文本从主题上大致可以分成八类。

第一类也是最普遍的一类，拉面店指南，介绍地方或区域知名的拉面店及其经营者或业主，还有该店的特色拉面与店家历史。第二类，针对预备创业者的介绍手册，旨在提供成功开创拉面店的经营方针。第三类是以精细的拉面制造或消费为背景的漫画小说，借此构建更戏剧性的故事情节。第四类是拉面明星大厨的自传，记录其白手起家的人生哲学与高尚思想，目的在于强调对手艺的坚持凌驾一切。第五类，关于料理的历史，其中牵涉选材与烹调手法的变化、区域性与地方上的差异、消费者对于调味喜好的新趋势、拉面与中国和其他亚洲国家汤面的相异之处，此外还有许多对知名拉面师傅与店家在风格方面的介绍。第六类文本将拉面历史视为文化变迁的指标，主要研究这道料理所代表的流行文化，追溯其历来变化，借此标记拉面与国家历史上发生的重大事件与趋势之间的关系（堪比《阿甘正传》的主人公）。第七类文本以拉面作为评论社会议题的依据，像是性别区隔、美国化、资本集中、食品安全或是大众媒体的影响（举例来说，媒体可能将日本拉面与美国麦当劳做比较）。第八类，拉面的"秘史"，旨在通过分析某些议题，诸如国际小麦贸易与冷战的关系、日本中央政府在20世纪70年代补助国内旅游的政策、食物在20世纪80年代掀起的媒体风潮以及媒体与政治之间的关联，还有20世纪90年代与千禧年后建立在文化输出能力上的食物民族主义的发展。（此外，以速食拉面为主题的著作更是不计其数，这个类别虽然与拉面相关，却实属不同领域，而且还可以进一步划分成罗列各式创意食谱的著作，以及描述鼎鼎大名的日清食品创办人安藤百福 [Ando Momofuku]——速食拉面发明者——的故事。）

我决定撰写拉面历史的动机，是想窥探这道料理在文化与政治上的历史重要性，并且进一步诠释其在制造与消费上所衍生的意义。以上八类相关主题的文本皆依据其在本研究中的重要性逐一列出，而这些主题也形塑了史料证据的核心，不仅有助于完成这道料理的历史书写，同时也让我们理解国家认同在日本是如何通过食物获得新的诠释与展现。以此观之，我的拉面研究基础更加注重仔细研读这道汤面与日本国家及劳动力观点变化相关的文件与影像，而非将重点放在消费与品尝。（我本身并不是拉面的拥护者，如果可以选择的话，我通常偏好吃一碗美味的荞麦面。）

拉面在日本与全球所造成的现象确实是一项严肃的研究主题，而且光是以纯粹品尝或消费者拜物主义（consumer's fetishism）的角度来检视是不够的，还要经由文化历史的角度加以检视才行。拉面制造在现代已经成为一门精致艺术，人们也可以通过拉面消费来重申个人的社群意识，不论是在区域、国家还是文化等各个层面。这并不是什么来自三十年前的议题，这些趋势的发展过程便是其背景历史的重要主题。拉面如今贵为日本传统不可或缺的一部分，过去却只是一道受到工人喜爱的料理，而当初让这道料理发展成型的工作形态，如今早已自动化或外包至海外。我认为这两项发展之间有着重要关联，而拉面的重要性也不仅是单纯的美味而已。

拉面店近年来不断在世界各地扩张，代表着以日本"软实力"在全球化时代的形象，宛如一位优雅的文化大使。不论在巴黎、伦敦、纽约还是洛杉矶，当地居民都可将本地知名的拉面店如数家珍地吹捧一番，而且现在就算到了迪拜、孟买与上海，甚至加州奥海镇（Ojai）这样的地方，都可以找到好几间拉面店。随着拉面在亚洲、欧洲与北美洲的普及程度渐渐提升，现在它的触角也开始向南美洲（巴西）与非洲（南非）延伸。在这样的扩展过程中，拉面建立起相当实惠、年轻与时髦的日本饮食文化形象，不像寿司那样，背负着完全不同的形象包袱。不论正式或非正式，拉面是外国人心中将"日本"塑造为一种消费品牌所不可或缺的要素之一。从这个角度来看，日本在20世纪90年代为拉面重建品牌认知的举动，便是拉面在2000年之后扶摇直上的序曲。如此一来，就算不为拉面神魂颠倒，世界各国工业重镇的城市居民都会对这道来自当代日本蓝领阶级的料理感到更加熟悉。尽管其背景起源与中国有关，但毋庸置疑，一旦销售至海外，拉面就成为了日本料理的代表。

本书主要分为两大部分：前三章介绍拉面的历史，从 19 世纪末叶自中国传进日本讲起，直到 20 世纪 60 年代成为日本建筑工人的主食；后两章主要回顾拉面在 20 世纪八九十年代转型成为日本国民食物的发展过程，这一过程激起了平等主义者强调手艺而非盈利的怀旧论述，以及拉面在 2000 年后因为国际化而成为海外日本文化良性影响的代表因素。

## 总　结

本书第一章讨论在欧洲帝国主义、中国移民与日本经济工业化的背景下新食物的出现。日本拉面的诞生主要有两大背景：一是欧洲料理在 19 世纪 70 年代涌进日本后，造成的面食与肉类制品扩展；二是中国移民工人在横滨地区开设餐馆，为了给外籍工人提供伙食。等到工业经济活动在 20 世纪前二十年突飞猛进之后，日本与中国移民厨师便将这道料理以"支那面"为名加以推广，无论是中式餐厅、西洋造型的小饭馆，还是街头的推车摊位，都能见到其身影。这道汤面在"二战"之前以最早融入日本社会家常菜色的中式料理之姿出现，同期出现的中式料理还包括烧卖、猪肉炒饭与肉包子。当时，这道中式汤面也因为新型料理与新娱乐形态的出现，而受到东京居民的喜爱，这种改变主要缘于大众消费文化的兴起。

然而，20 世纪 40 年代初期，拉面却因为饥荒与战乱的关系在日本各大城镇中销声匿迹。第二章旨在分析粮食危机在这段时期的种种成因，诸如日本当局无法从殖民统治地区取得粮食、美军轰炸与农作物歉收，都是造成全国各地粮食短缺、人民营养不良以致死亡的原因。美军战后正式占领日本期间（1945—1952），拉面以及其他由进口美国小麦制成的食物作为应急粮食发挥了重要功能。进口美国小麦所制成的汤面成了稻米短缺时的救急方案，同时也让粮食严重短缺的问题得到缓解。

日本对美国进口小麦的依赖从美军占领时期一直延续到美军撤退之后，而这样的依存关系也让"支那面"及其他像面包、饼干之类的面食再度出现在日本人的生活中，同时也给战后出生的人的饮食习惯带来前所未有的改变。当时的制面师傅也以"中华面"或"拉面"取代旧有"支那面"的称呼，用意显然是要避免勾起帝国主义与世界大战期间的回忆。此外，进口美国小麦也是防止共产主义进入日本的重要措施。日本当局在这段时期因为无法妥善分配粮食而招致民怨四起，因此美国将领们便借此措施来消弭任何潜在的民间暴动。如此一来，拉面就成了日本政府与盟军统治机关面对政治抨击（又以地方共产主义分子最为激进）时的应对工具，同时也令美国在这段饥荒时期建立起乐善好施的正面形象。

第三章讨论拉面在日本高速再工业化时期（1955—1973）的样

貌，以及拉面与营养观念转变、美日关系出现变化之间的关系。中式
汤面在战后时期的重整，让我们得以洞悉大规模进口美国小麦，官
僚、企业与政治领导间的连续性，高速再工业化，以及食物消费趋势
之间的深度关联。拉面与面包这样的面食在这段时期已取代稻米成为
主食，同时也是日本饮食习惯快速均质化的核心要素。拉面也在这个
过程中开始频繁出现在流行文化之中，俨然成为日本工人所偏好的能
量午餐的化身，而年轻人相约吃碗拉面也蔚为潮流。

　　日清食品于 1958 年成功推出并营销速食拉面，也是拉面发展史
上的重要里程碑。我特别着墨于日清食品——世界上最大的速食拉面
公司——这个案例，检视该公司的劳动运作、聘雇策略、专利争端以
及广告活动。20 世纪 60 年代兴起的速食业也带来了多项新议题，诸
如家庭结构的改变、家用电器在大众媒体上的理想化，以及料理准备
与食用在强调"求快"上的价值。速食拉面制造商在这些方面可谓占
尽优势，因为它们不仅采用便宜又充足的美国进口小麦制作高利润的
速食产品，同时也将这些产品通过新形态的超级市场，贩售给那些使
用创新厨房电器——例如电热水壶——的家庭。

　　第四章分析了拉面的转型。它于 20 世纪 80 年代在大众媒体的影
响下成为年轻人消费主义的潮流商品，后在 20 世纪 90 年代逐渐跃升
为国民料理。拉面对年轻族群的吸引力、各个区域的口味差异，以及
其源自中国和日本而非欧洲或美国的特质，都让它在当时充斥着麦当
劳与丹尼斯（Denny's）的年代，作为本地创新、创业与文化恢复力
的原型获得了推动力。与此同时，地方性的中式餐厅与摊贩（*yatai*）

等传统的拉面贩售体系却开始消失，或者转型成为符合当代劳动与消费体系的新型经营模式。

拉面与小规模制造商在 20 世纪 80 年代通过大众媒体呈现出两种形象：一是坚持重视手艺胜过利益，二是上一代日本人的工作道德特质已逐渐式微。这道料理在 20 世纪 90 年代中期广受推崇，光是看新横滨拉面博物馆在 1994 年创下超过 3400 万美元的营业额，我们便无须质疑。[1] 因为劳动力集中的工作以及与其相关的消费形态已经开始大幅度减少，这个时期的拉面形象已经从劳动工人的主食转变成为广受欢迎的国民料理。拉面在 20 世纪八九十年代有着丰富的历史意义——日本人将其视为过去低失业率、生活水准提升与文化趋同性的一种共识象征。拉面在这段时期受到重新的诠释与重塑，同时也为我们提供了不一样的切入点，不仅可以用来检视日本饮食习惯的变化，也可以让我们一览这些变化在全球化时代与形塑国家认同、年轻人稳定就业机会降低，以及 20 世纪 50 年代后期与 90 年代萧条时期怀旧营销之间的关系。

在第五章也是最后一章中，我讨论了拉面国际化的趋势，并重点分析这道料理在过去十年间广受纽约与加州年轻族群欢迎的现象。探究这些趋势在形塑日本海外形象及外交上的意义，并以观察拉面文化的演变作为观察日本国家与劳动力再定义的方式作结。

拉面历史中有关食物、劳动力与国家之间的变化关系，可以供我

---

[1]　拉面博物馆的创立者决定在馆名中使用"raumen"而非"ramen"，因为后者的读音与中文中这道菜的读法过于相近。类似这样的手段赋予博物馆公信力的光环，正如这家无可争议的机构将拉面的起源追溯至横滨，中式汤面传入日本的城市。

们比较工业化发达的资本主义国家在饮食习惯上的相异之处。举例来说，拉面究竟要被击节称赏为日本国民料理到何种程度，才能在进步的全球趋势范畴中将一道工人阶级食物抬高到为国家代言的层级呢？此外，不论在日本还是其他地方，工人阶级食物备受推崇的情形是否足以说明，在今日全球化的时代中，社会经济阶层的冲突已在国家层面上得到改善了呢？

　　当我们通过饮食的镜头观察历史，并将重心放在市井小民的生活上，而非国家行为者（state actor）之间的条约协定或知识分子的主张时，不论是聚焦于日常习惯还是政府措施，特定事件的相对重要性与全面的历史分期（periodization）就可以进一步得到校正。为此，将饮食研究作为探究历史的核心或许是一种更直接的方法，它让我们得以通过日常生活体验来观察转变与延续。日本的拉面史就提供了这样一种镜头，本研究将处理饮食与劳动力的各项议题，以及其与国家认同塑造变化之间的关系。

# 第一章

---

## 街头生活

### 日本工人的中国面

传统拉面店

拉面究竟是在 1665 年、1884 年还是 1910 年传入日本的呢？其前身究竟被称为"五辛面"、"南京面"，还是"支那面"呢？不一样的答案背后有着不一样的起源和独特的历史轨迹，传达出各自所代表的对日本历史的认知。这道料理的种种起源之间并非互斥的关系，它们也拥有各自追古溯今的独特方式。然而，这些故事所呈现的显然是各自表述下的对照，而非一连串在基础上互不相容的事实。之所以要强调这个观点的原因在于，犹如一切关于起源的讨论，所有围绕拉面起源的争论也面临追溯任何饮食习惯之确切起源的困境，即开放式的调查根本无从定论。

关于日本拉面的起源，有三则故事最为著名，分别来自不同的作者与机构。首先介绍最天马行空的一则故事，也就是由知名料理历史学者小菅桂子（Kosuge Keiko）于 1987 年提出的拉面史研究成果。这个版本的拉面起源将回溯到 17 世纪 60 年代（江户时代），并且直指当时知名的传奇藩主——德川光圀（Tokugawa Mitsukuni，

1628—1701），也就是民间故事中地位仅次于将军的水户黄门（Mito Komon）。相传他便是日本第一位吃到拉面的人。

德川光圀在日本之所以被视作一位相当受欢迎的历史人物，要归功于长寿时代剧《水户黄门》的宣传。该剧讲述的是他微服出巡，在民间扶弱济贫的故事。每一集德川都会遇到不一样的恶徒，而他总会在紧要关头拿出他的印笼（雕花的漆木小盒子），上面印着德川家的家纹，代表他正是水户藩的大名。每当剧情渐入高潮时，德川光圀的护卫格之进就会大喝一声"退下"，并喊道"没看见这道家纹吗"以彰显秩序并重申正义。接下来，那些宵小恶徒就会立刻跪地求饶。根据德川光圀 1665 年 7 月间的活动记载显示，当时已经有明朝流亡者定居在水户藩，而德川光圀的策士朱舜水正是为他提供中式汤面料理之人，这款汤面相传就是今日拉面的前身。[1]

虽然德川光圀在日本史上最著名的丰功伟业是倡导编纂费时二百五十年、横跨十代才完成的巨作《大日本史》，不过他其实也是程朱理学思想的追随者，并且时常向中国寻求治理国家的施政方针。也因此，德川光圀延揽了于 1665 年因反清流亡日本的明朝儒士朱舜水，而朱舜水也成了德川光圀最重要的策士之一，并在德川光圀当政期间担任要职长达十七年，直至 1682 年辞世为止。朱舜水在水户大名的策士之中德高望重，因此得以安居。德川光圀甚至在朱舜水身后

---

[1]　Kosuge Keiko, *Nippon Ramen Monogatari: Chuka soba wa itsu doko de umareta ka* (Tokyo: Shinshindo, 1987), 45–59.

为他在历代水户藩藩主的墓地内立碑纪念，并保存至今。[1]

朱舜水在担任大名策士期间，发现德川光圀相当热爱乌冬面。这是一道以小麦制面搭配日式上汤（以鲣鱼与昆布熬煮的高汤）的料理，至今仍然在日本广受欢迎。日本人在 17 世纪时食用的乌冬面以梅干与芝麻作为佐料，因此朱舜水便向水户大名推荐中式汤面中经常使用的五种材料——薤（即藠头）、大蒜、韭菜、青葱与姜。[2] 料理研究学者小菅桂子便根据这些史料记载推论德川光圀为中式汤面在日本的创始人。后来新横滨拉面博物馆也开始推广这个故事，而日本日清食品公司也因此在 2003 年推出限定版的五辛速食面，甚至还以德川家纹为包装，并且附上德川光圀与朱舜水的故事。

虽然我们无从得知当时水户藩主吃的那道料理与现今拉面的相似程度如何，不过很显然，这则在当时广为流传的故事正是早期认定的有关日本如何引进中式汤面的起源，而那时也正值日本广纳中国文化的时期。尽管这个版本的拉面起源听起来有些奇幻，而且充斥着夸张不实的人物及源自野史的虚拟对话情节，不过其真正意义在于凸显了当时日本对于清朝之前的中国的推崇。

第二则起源故事将拉面的引入定位在 19 世纪，声称拉面是在美国帝国主义影响下，日本饮食习惯转变的产物。1853 年，美国派遣海

---

[1]  Kosuge Keiko, *Nippon Ramen Monogatari: Chuka soba wa itsu doko de umareta ka* (Tokyo: Shinshindo, 1987), 57.

[2]  这五种调料在日本茨城县水户市拉面店家们提供的"水户藩拉面"中仍有使用，如柳町的石田屋。但实际上，朱舜水真正推荐给德川光圀的五种调料为何，已无法考证。

军准将马休・佩里（Matthew Perry）率领四艘军舰前往日本缔约，旨在开放日本港口与美国进行贸易[1]，保证协助美国船难水手，以及设置领事并派驻外交代表。美国于 1854 年与江户幕府签订《神奈川条约》（又称《日美亲善条约》）后，接着又签订了一项条约，强迫日本开放领土特许，让出审判外国嫌犯的判决权（治外法权）以及进口关税协定权。后来美国又在 1858 年议订了《日美友好通商条约》。

　　无力对抗外侮的情形腐蚀了德川幕府的权威，紧接而来的政治危机终于为掌权长达两个半世纪的德川幕府时代画下句点。继之而起的日本领袖人物纷纷以采行欧洲式的工业、军事与政治架构（其中也包含了侵略性的帝国主义）为目标，而这些变革的项目之一，也包含将西方食材融入日本饮食之中。因此，若不是佩里 1853 年远征引发的一连串结果，那么拉面的取材（特别是猪肉与小麦）便无法有如此程度的便利性。

　　除了欧洲经商人士外，当时也有许多中国商人（所谓的日本华侨）进驻横滨、神户、长崎与函馆这些贸易协定港口。许多中国侨民在移居日本的早期阶段都是为欧洲人或美国人工作，涉足产业遍及营造业、纺织业、印刷业与运输业。直到 1871 年《中日通商章程》签署，中国居民在这些开放港口城市才取得合法经商的依据与领事协定上的保护，而中国与日本之间的贸易关系也开始逐步成长。

---

[1]　德川幕府在 1854 年佩里与其签订《神奈川条约》之前已维持了两个世纪的锁国政策，其间仅开放荷兰入境，目的是为了限制西方传教士宣扬基督教信仰。由于只有荷兰同意将两国关系限制在贸易层面，因此它成了 1639 年至 1854 年间唯一与日本维持贸易与外交关系的欧洲国家。

烹饪便是当时的中国商人随身携带的技术之一。其中，一道名为拉面（*la-mien*，手拉面条配上略带咸味的鸡汤与青葱）的汤面料理迅速变成日本中式餐厅里的主菜。日本人管这道中国商人做的拉面叫"南京面"（*Nankin soba*），因为当时中国的政治中心就在南京。[1] 他们将这道拉面视为餐后送上的简易料理，而非主餐。此时拉面还没有任何配料或酱料，类似平凡的盐味拉面。除了住在横滨、神户、长崎与函馆等地那些熟知外国居民生活的特定日本人之外，当时的日本大众鲜少有机会品尝这道料理。"南京面"早期几乎只卖给居住在这些贸易协定港口的中国籍工人、商人与学生。[2]

1884 年，函馆侨民居住区一家名为"洋和轩"（Yowaken）的餐厅广告上印出了"南京面"这道菜色，而这便是这一名称最早见于日本刊物中的记载。[3]《神奈川条约》于 1854 年签订生效之后，位于北海道南部龟田半岛上的函馆便是当初最先开放让西方列强进驻的两大港口之一，地理位置之便使其在日本与欧洲国家（尤其是俄罗斯）之间扮演极为重要的沟通角色。

"洋和轩"是一家西式餐厅（洋食屋），主要供应欧式、美式与中式料理，其中也包含了用以招揽日本与外国主顾的"南京面"。因此，当时中国厨师在那些西式餐厅所制作的鸡汤面料理自然可以被合理推论为拉面的前身。然而，比起 17 世纪 60 年代意欲推崇中国文化的水

---

[1]  日本港口城市的中国人聚居区也被称为"南京町"（*Nankin machi*）。

[2]  Okuyama Tadamasa, *Bunka menruigaku: ramen hen* (Tokyo: Akashi shoten, 2003).

[3]  Iwaoka Yoji, *Ramen ga nakunaru hi* (Tokyo: Shufu no tomo, 2010), 28.

户藩藩主与"五辛面"的故事，"南京面"本身并不带有任何传奇色彩，纯粹就是因应新型劳动力需求与欧美在东亚影响力扩张的结果。总而言之，这道简单的鸡汤面与现今配料丰富的拉面相去甚远，而这之间的显著差异也不免让人心生怀疑。

"南京面"从贸易协定港口扩张到日本其他地区的现象要追溯至1899年，也就是日本政府取消要求外籍人士居住在特定区域的法规之后。这项政策的改变促使定居的外籍人士得以在日本各地自由经商，同时也让中式餐厅从华人聚居地区外移，并走进日本食客的生活中。横滨拉面也在这样的改变之下应运而生，它的出现启发了东京地区以摊贩兜售拉面的流行方式。著名作家永井荷风（Nagai Kafu）便在这一早期阶段享用过中国移民以推车贩售的"南京面"。[1]

第三则拉面起源故事则与日本人经营的第一家中式餐厅"来来轩"（Rai-Rai Ken）有关。"来来轩"是尾崎贯一（Ozaki Kenichi）于1910年在东京浅草地区开设的一间中式餐厅，该地区向来是时薪工人的聚集地。有别于南京町于19世纪八九十年代端出的只加葱而无其他配料的简单汤面，来来轩的汤面，也就是所谓的"支那面"，不仅汤底加了酱油，配料中还有叉烧肉、鸣门卷（鱼板的一种）、烫菠菜与海苔——也就是后来正宗东京拉面的组合。来来轩这道便宜、美味，又能快速上桌的"支那面"，与其他改良成日本口味的中式佳肴，

---

[1]　Hayamizu Kenro, *Ramen to aikoku* (Tokyo: Kodansha Gendai Shinsho, 2011), 18.

诸如烧卖与馄饨，很快便声名鹊起。[1]

来来轩的创办人尾崎贯一原是横滨的海关官员，后来辞去官职开了中式餐厅。海关官员辞去德高望重的职业（穿制服又配军刀），转而在东京市区（下町，劳工聚集地区）经营餐饮业，这实在相当罕见，但是尾崎贯一开辟了一条之后许多战后白领阶层选择的道路。这些人正是所谓的“脱离受薪族”，也就是那些拒绝稳定的坐班工作而决定自行创业的人，目的就是要逃离白领阶层在大企业中死板又充满竞争的生活。

尾崎贯一在海关任职时就经常光顾南京町的中式餐厅，而那些餐厅距离他的办公场所不过一步之遥。尾崎开办来来轩时，也从南京町雇用来自广东地区的中国厨师。这些厨师所制作的面条中多少都加了碱水。来来轩后来又在自家的“支那面”中加了切成片的腌制竹笋，

---

[1] 关于“支那”一词，需要略作说明。19 世纪末期，中国在日本眼中的形象逐渐从高等文明的中心（*Chugoku*，即“中心之国”）转变为“老迈的、被征服的、无力现代化的国家”，与中国有关的食物和社会阶层的称呼也相应发生了变化。最初被称为“南京面”的料理，明治初期只有少数文化精英有机会品尝，而到 20 世纪一二十年代，这道料理的名称逐渐演变为含有日本殖民主义对中国蔑称的“支那面”，其消费人群也大规模扩张，变为日本城市中的工厂工人。与此同时，诸如牛排、饼干、法式面包等西餐则常常出现在欧化的社会精英的饮食中。这说明了以当时地缘政治为基础的文化等级已经确立，并通过进食行为的差异在日常生活层面反复强化。

在观念层面将中国塑造为“日本的东方”，出于日本要将自己转型成为欧美式的帝国主义民族国家的需要。因此，料理的名称从以具体城市为标示的“南京面”转变为以特定国家为标示的“支那面”，而“支那”则成为日本对一个想象中整体化的、静止不变的他者共同体的侮辱性称呼。一个“古老而曾经辉煌的东方文化”，但同时“无助、泥古、傲慢、狡诈，军事无能”，对“支那”的认识论建构是日本合理化其在东亚帝国主义扩张的核心。参阅 Stefan Tanaka, *Japan's Orient: Rendering Pasts into History* (Berkeley: University of California Press, 1993), 200–201。

当时称为"支那笋片"（*Shina chiku*）。这一食材日后成了东京拉面的固定配料。[1]

1910 年来来轩开张时，一碗"支那面"售价 6 钱。[2] 当时其他料理的价位分别是，一碗配酱料的天妇罗盖饭 12 钱，一碗荞麦汤面 3 钱，一碗日式咖喱饭 7 钱。[3] 后来因为通货膨胀的关系，在 1931 年的东京，一碗"支那面"售价约 10 钱，约等于如今的 300 日元，大概相当于今天日本拉面平均价位的一半左右。[4] 最后附带一提，1941 年，也就是第二次世界大战之前，"支那面"在东京售价约 16 钱，而等这道料理再度出现，便已经是战后了。[5]


## 现代工人的动力来源

至此，我的关注点都在于中国移民如何将家乡饮食传进日本。然

---

[1] 如"支那面"在战后被称为"中华面"，"支那笋片"后来也更名为"笋片"（*menma*），即"面上麻竹"（*men no machiku*）的简称，这也是为了清除食物名称所负载的帝国主义记忆。参阅 Okuyama, *Bunka menruigaku,* 47–48。

[2] Okuyama, *Bunka menruigaku,* 46.

[3] Tokyo to Chuka ryori kankyo eisei dogyo kumiai (Chinese Restaurant Union of Tokyo), cited in Shukan Asahi, ed., *Nedan no Meiji, Taisho, Showa, Fuzoku shi, jokan* (Tokyo: Asahi Shinbunsha, 1987), 41.

[4] Tokyo to Chuka ryori kankyo eisei dogyo kumiai (Chinese Restaurant Union of Tokyo), cited in Shukan Asahi, ed., Nedan no Meiji, Taisho, Showa, Fuzoku shi, jokan (Tokyo: Asahi Shinbunsha, 1987), 41.

[5] Tokyo to Chuka ryori kankyo eisei dogyo kumiai (Chinese Restaurant Union of Tokyo), cited in Shukan Asahi, ed., *Nedan no Meiji, Taisho, Showa, Fuzoku shi, jokan* (Tokyo: Asahi Shinbunsha, 1987), 41.

而，为了让"支那面"可以在 20 世纪二三十年代顺利发展，就得先找到吸引食客——多数都是在都市地区从事现代化工业生产的时薪工——上门的动因才行。到此，中式料理引进日本的过程不过才介绍了一半，接下来我们要向后半段迈进，也就是创造"支那面"的基础客户群。

日本经济工业化的过程衍生出各大城市与制造中心对劳工的需求，而这些工人也借此见识了新型的工作、人群与饮食。日本在甲午战争（1894—1895）取得胜利后所得到的赔款便是当时日本工业化的一大挹注，数额相当于 1893 年日本国家预算的四倍之多。犹如 1898 年发生的美西战争，中日甲午战争同样是西风残照的帝国势力（中国）与新兴帝国（日本）之间为了重要战略国（此例为朝鲜）假独立的一场战争。日本获胜之后就在国内掀起了工业化运动的热潮，而都市劳动力需求的增长也加剧了各大城市的粮食需求。矿业、制造业、建筑业以及运输通信业的就业机会渐增，农业方面的就业市场依旧萧条。这些关于劳动力的改变对于日本饮食制造与消费都有着极为深远的影响。

食品加工业在这个时期是工业经济的主要构成要素，其中又以罐头制造业为明治时代最早发展的产业之一。世纪交接之初兴建而成的全国铁路，让食品的运输更为便利，也促进了工业食品制造与加工的完备发展。罐头食品对于军队来说相当重要，同时也在 1877 年日本西南战争 [1] 时首次被配送到军队作为士兵的补给。日军对罐头食品的

---

[1]　1877 年爆发的西南战争是日本史上最后一场内战，也为 1868 年开始掌权的明治新政府带来了威胁。西乡隆盛原为明治政府的陆军大将，他当时勉为其难地率领两千名失势的武士，对抗新政府超过七万名士兵的军队。——译者

需求更在甲午战争与日俄战争中暴增，日本政府两次战争期间在罐头食品上的花费分别高达 2 515 738 日元及 23 099 209 日元，其中多以肉类与鱼类制品为主。[1]

19 世纪 90 年代出现的时薪工人潮也引发各大城市对餐饮与外食业者的高度需求。根据东京市政厅的一项调查显示，东京市区 1897 年共有 476 家正式餐厅、4470 家小型餐饮商户以及 143 家茶馆。[2] 其中尤以邻近浅草与上野等低薪劳动力聚集的地方为最，这些狭小的街坊内挤满了一排排的推车摊位、小吃店与茶馆。

当时，日本已近三十年的工业化发展在第一次世界大战爆发后再度受到刺激。欧洲的战事使得日本有机会在许多亚洲殖民市场取得强权地位，借此创造蓬勃的出口规模并且全面发展工业制造。值得一提的是，日本工业输出规模从 1914 年的 14 亿日元提升到 1916 年的 68 亿日元。[3] 日本的制造业在日俄战争后的十年间就以每年 5% 的高平均增长率快速发展，到了第一次世界大战期间，更以每年 9.3% 的增长率持续突飞猛进。[4] 1919 年，日本工业输出（67.4 亿日元）更是首

---

[1]　Akiyama Teruko, "Nisshin, Nichiro sensoto shokuseikatsu," in *Kingendai no shoku bunka,* ed. Ishikawa Naoko and Ehara Ayako (Tokyo: Kogaku shuppan, 2002), 62.

[2]　Akiyama Teruko, "Nisshin, Nichiro sensoto shokuseikatsu," in *Kingendai no shoku bunka,* ed. Ishikawa Naoko and Ehara Ayako (Tokyo: Kogaku shuppan, 2002), 73.

[3]　Andrew Gordon, *A Modern History of Japan: From Tokugawa Times to Present* (New York: Oxford University Press, 2003), 139.

[4]　Akiyama, "Nisshin, Nichiro sensoto shokuseikatsu," 73.

次超越农业产品输出（41.6 亿日元）。[1]

　　随着男男女女移居都市并寻找就业机会，他们也发现了推车摊贩与中式餐馆贩售的"支那面"。工业人口在战争期间暴增了 140 万，而农业人口则相对减少了近 120 万。[2] 随着欧洲战事爆发而出现的工业输出的增长，促进了东京的餐饮生意，移入的劳动人口让这段时期供应中式汤面的三种餐饮业者开始扩张，也就是中华料理屋、洋食屋与推车摊贩。除了贩售存在已近四个世纪的荞麦汤面之外，浅草与上野这些人口密集的东京地区也在 20 世纪初期出现了许多兜售"支那面"的日籍摊贩。当时这些餐饮体系的主要客户群就是那些从乡下移居都市的劳工或学生，或者必须进城受训的人群。

　　随着城市越发富裕，而农村则越发贫穷，城乡贫富差距的主因在于战争期间的工业成长拉开了工业与农业劳动人口的薪资差距，而且韩国（于 1910 年被日本"吞并"）等其他殖民地区的粮食作物也压垮了日本当地农作物的竞争价格。随第一次世界大战而来的工业人口增长与其后粮食问题所造成的社会动荡（例如 1918 年发生的"米骚动"），促使日本政府决定提高从中国台湾与韩国进口粮食，此举意外削弱日本农业人口原有的福祉。[3] 一连串的事件促使劳动就业人口从

---

[1]　Takemura Tamio, *Taisho bunka teikoku no yutopia: sekaishi no tenkanki to taishu shohi shakai no keisei* (Tokyo: Sangensha, 2004), 92.

[2]　Takafusa Nakamura, *Economic Growth in Prewar Japan* (New Haven, CT: Yale University Press, 1983), 148.

[3]　Yujiro Hayami and V. W. Ruttan, "Korean Rice, Taiwan Rice, and Japanes Agricultural Stagnation: An Economic Consequence of Colonialism," *Quarterly Journal of Economics* 84 (November 1970): 562–89.

首要产业（农业）开始向第二产业（工业）与第三产业（服务业）移转。除了鼓励殖民地区量产稻米之外，日本政府也开始着手研究稻米的替代粮食，像小麦（用以制作面条与面包）以及大豆（用以制作豆腐、味噌、纳豆、水煮毛豆、黄豆粉、腐竹与酱油等），以应对将来都市人口增长之后可能面临的稻米短缺问题。[1]

　　20 世纪初，越来越多的都市劳动人口已经品尝过"支那面"的滋味，而到了 20 年代，这道便宜、快速又能填饱肚子的料理已经遍及日本现代城市，堪称大众饮食文化的新兴象征。作为率先在日本以机械制造并达到量产的食品之一，"支那面"直接反映了新型工作规划、新兴技术、日本都市劳动人口的商品选择，以及劳工与学生的流动等情况，而人口的流动也包含了来自中国的劳工与学生。这道汤面不仅可以快速上桌，又比传统日式荞麦面（汤头无肉又没有配料）更加美味，同时也符合 20 世二三十年代日本都市劳动人口的饮食需求及生活形态。

　　有别于糕点与面包那些由西方人士引进的高级食物，"支那面"地位低下——各式面粉制品的消费差异代表了其消费人群社会阶级的差异。中式与西式料理的引进与消费之所以能在明治时期达到新规模，是因为美国枪炮外交与西方帝国主义入侵，但这两种料理不仅在消费程度上不同，更因为起源国国际地位的差异而有着不一样的归宿。"支那面"与烧卖便因为来自中国及在浅草受到欢迎，而被贴上

---

[1]　Katarzyna Cwiertka, *Modern Japanese Cuisine: Food, Power, and National Identity* (London: Reaktion Books, 2006), 121.

工人阶级料理的标签。

　　食品制造工业化也是促使廉价面店蓬勃发展的成因之一。第一台制面机器于 1883 年在日本问世，后来机械制面也在 20 世纪初取代了传统手拉面的技术。[1] 粮食运输的发展使稻米、面粉、大豆与糖可以大批量从乡下或殖民统治地区运进日本各大城市，也促使都市人口在 20 世纪初增长了将近 140 万。由于"支那面"消费量增长显著，第一家大东京地区（首都圈）"支那面"生产交易工会于 1928 年成立，这也代表着工人阶层在政治势力上的抬头。[2] 从这样的发展便能得知，品尝"支那面"在当时已经不再被视作一种异国料理体验，相较于过去那些只能在贸易协定港口品尝"南京面"的日本海关职员、商贾与作家，"支那面"与日本都市劳工之间已经发展出了更加紧密的关系。

　　"支那面"之所以会在东京与札幌等现代都市地区受到时薪工人的青睐，主要反映出他们对备料速度的要求。厨师们在准备"支那面"的过程中会先熬煮一锅汤，并准备好一大碗酱料来应对当日所需，等到订单上门时，厨师仅需将面条煮熟再加入汤头便可上桌。这样的料理方式让客人在下单后不消几分钟就可以吃到，因此吸引了现代工业中那些饥肠辘辘、疲惫又急躁的劳动者。因此，这道价格实惠又美味的快速料理就自然而然地吸引了更多东京与其他日本城市的时薪工人。

　　从偏乡地区进入城市工作与求学的大量人口，快速形成了集中且

---

[1]　Okada Tetsu, *Ramen no tanjo* (Tokyo: Chikuma shobo, 2002).

[2]　Okada Tetsu, *Ramen no tanjo* (Tokyo: Chikuma shobo, 2002), 104.

群体性的饮食偏好，其中包含夜间饮食的习惯，这些都可以从"支那面"在东京及其他地区所形成的高度需求得到证明。饮食习惯随日本经济发展而出现的转变，同样可以在"支那面"的扩张中得到体现。为数众多的离乡背井人口，以及他们在都市生活中对实惠又可快速上桌的饮食的需求，都是人类与其营养认知上出现重大转变的成因。与其说是合作劳动的创造性成果，食物反而成为一种与制造来源无关的无差异商品。如此一来，像是"支那面"这样越来越频繁地为时薪工人端上餐桌的食物，就取代了那些使用当地材料、费时费力的料理了。

　　"支那面"在 20 世纪前二十年成为东京快速转型成现代工业城市的一种象征，许多大城市之外闻所未闻的新式料理在这里应有尽有。不论是初来乍到的移民，还是久在都市的居民，新颖商品与服务都令他们乐不思蜀。1923 年关东大地震之后，东京都市的各式生活设施开始如雨后春笋般出现，例如喫茶店（ *kissaten* ，即日式咖啡店）、酒吧、餐厅、百货公司与电影院。然而，这些多样化的新型餐饮商铺中，又以"支那食屋"（中式料理店）、洋食屋、喫茶店与"支那面"小摊为供应"支那面"的四种主要场所。"支那面"的主要客户是工人、学生与士兵，这些人正是当时日本政治生态中最激进又难缠的群体。

　　让人稍感奇怪的是，喫茶店与西式餐厅竟然也是 20 世纪 20 年代供应"支那面"的主要场所，它们在当时扮演着将传统食物与欧洲材料和技术混合，并创造出新料理的重要角色，至今仍相当受欢迎的蛋包饭就是当时的创造。札幌更是一个不得不提的地方，20 世纪 30 年代时，拉面就已经成为当地喫茶店的固定菜色，而且正是以"拉面"

为名贩售，这也是各派拉面发展史中经常提到的事实。

有别于传统茶馆，喫茶店是东京现代生活的核心要素，1923 年关东大地震摧毁大半个东京之后更是如此。研究 20 世纪 20 年代日本都市文化的专家埃莉斯·蒂普顿（Elise Tipton）曾指出：“以‘喫茶店时代’来描述（关东）大地震后的十年其实并不为过……这些喫茶店与酒吧让银座成为展示现代生活的‘剧场’或‘舞台’……喫茶店也在其他地区蓬勃发展，其中又以浅草及快速发展的新宿为最，只不过这些地方的店面没有银座喫茶店那样的高级形象。”[1]知名小说家谷崎润一郎（Tanizaki Junichiro）也经常以喫茶店为题，来描绘 20 年代与现代生活相关的日本社会转型面貌。借此，20 世纪一二十年代的日本城市居民得以在这些喫茶店内见识到新食物、新想法，以及认同自我与区别他人的不同方式。“支那面”便是那个时代社会与政治蓬勃变动的核心。

尽管当时，在东京营业的多数中式餐厅都是小规模从业者，而且主要锁定浅草与上野这些邻近地区的劳动阶层居民作为主要客源，不过，在市区新建百货公司的高级中式餐厅一样可以见到“支那面”的身影。值得一提的是，百货公司与其中的餐厅在 20 世纪二三十年代是都市中产阶级消费族群的潮流指标。[2]日本料理历史发展研究专家

---

[1]　Elise Tipton, *Being Modern in Japan: Culture and Society from the 1910s to the 1930s* (Honolulu: University of Hawai'i Press, 2000), 122–23.

[2]　Louise Young, "Marketing the Modern: Department Stores, Consumer Culture, and the New Middle Class in Interwar Japan," *International Labor and Working-Class History* 55 (April 1999): 52–70.

卡塔奇娜·茨维尔卡（Katarzyna Cwiertka）也表示，百货公司的美食街中"呈现大众膳食未来趋势的，不仅是反映多元文化的菜单"，还有对技术的高度依赖、企业系统下齐备效果的广告、供应链管理以及其在营业卫生与速度上的用心。[1] 如此一来，任何供应"支那面"的场所或是与其相关的活动，都映照着现代城市生活的光彩。

　　不论是工作需要还是休闲常态，享用"支那面"经常成为定义都市生活的一种标准。举例来说，像是看电影这样现代都市生活的象征，也与享用中式汤面大有关系，因为"支那面"小摊正是20世纪20年代电影散场人潮接下来的聚集地。尤其是浅草一带，电影院每天都吸引着上千人前往，而吃一碗"支那面"也成了电影散场后的必备行程。

　　日本知名导演小津安二郎（Ozu Yasujiro）于1936年执导的电影《独生子》（*Hitori Musuko*）中的一个情节足以说明，对于来自乡间的访客而言，"支那面"正是都市生活的最佳写照。这部电影讲述的是一名寡妇试图与只身前往东京工作生活的独子取得联系。当时母子已经分离十三年，母亲决定亲自前往东京，看看儿子的生活情况。后来，儿子带着母亲游览东京，并拿出身上仅有的钱请她在路边摊吃一碗中式汤面。母亲完全不认识这道料理，最后在儿子的鼓励下才卸下心防尝试。这个场景恰好呈现出这道料理在当时的两种形象——乡下

---

[1]　Katarzyna Cwiertka, "Eating the World: Restaurant Culture in Early Twentieth Century Japan," *European Journal of East Asian Studies* 2, no. 1 (2003): 89–116.

长辈眼中的新奇事物，在都市生活的儿子无力负担的高级料理。[1]

　　日本都市居民享用本土化中式料理的趋势在 20 世纪 20 年代达到了前所未有的热度。"支那面"是战间期（第一次世界大战结束至第二次世界大战爆发）最普及的本土化中式料理，同时也是与东京都市日常生活最息息相关的一种新常态。根据 1923 年的一项普查显示，东京当时约有一千家中式餐厅与五千家供应西方料理的餐厅（多数也会提供"支那面"），以上数据还不包括其他为数众多的喫茶店、酒吧与推车小摊。[2]

　　日本都市生活之所以会在 20 世纪 20 年代采纳中式与西式料理，并不只是因为其美味而已，还因为这些料理在营养成分上更胜日本传统料理。日本料理史研究学者石毛直道（Naomichi Ishige）指出："西式与中式料理的大量引进，主要是因为这些食物提供了本土料理所欠缺的部分——肉类、油脂与辛香料。随着现代营养学知识的传播，肉类料理开始被视作补充能量的主要来源，而西式与中式料理也被视作富含营养的食物。此外，大众媒体对新食物与营养认知的推广一样功不可没。"[3] 石毛直道对于促使中式与西式料理普及因素的描述，也显示了现代营养科学与大众媒体致力推广的饮食标准之间的交互关系。而他关于 20 世纪 20 年代中式、西式料理在日本都市的本土化被并大量引进的观察，也点出了日本饮食成分在此期间的变化——更多的动

---

[1]　*Hitori Musuko* (The Only Son), director Ozu Yasujiro (Shochiku 1938; DVD 2003).

[2]　Naomichi Ishige, *The History and Culture of Japanese Food* (New York: Routledge, 2001), 157.

[3]　Naomichi Ishige, *The History and Culture of Japanese Food* (New York: Routledge, 2001), 157.

物性蛋白、加工谷物、盐与糖。

食品制造对科学知识的应用在 20 世纪 20 年代也出现了显著的增长。日本政府于 1920 年在内务省之下成立国家健康与营养研究所，而内务省是日本战前最具影响力的政府机关之一。此外，健康与营养研究所也针对日益严重的食物制造与配销问题加以探讨，其中又以如何为工业劳动人口提供充足营养以维持产出为优先考量。这些研究也同时协助军方规划饮食，甚至给许多乡间义务士兵提供了首次体验中式料理的机会。如此一来，军方就成了宣传政府赞助营养科学相关计划成果的主要平台。日本料理发展史研究专家茨维尔卡指出："军方在日本社会所受到的尊敬，促使中式料理得以进一步发展。此外，军方营养学者也宣导中式料理是价格便宜、营养充足又与日式料理相近的饮食选择。"[1]

简言之，中式料理之所以会在 20 世纪二三十年代普及到日本各大都市，主因在于：工业劳动者阶层的兴起创造了对便宜又富含卡路里的食物的需求；现代营养科学的研究成果促使麦类、肉类与乳类制品的消费需求提升；机械加工制造业的发展，诸如小麦加工与制面技术所带来的影响；日本势力扩张至中国，使得与日本相近的中国饮食传入。以上这些关系紧密的变化都为"支那面"广布日本各大城市带来实质贡献，其中又以工人阶级的兴起最为显著。

---

[1]　Cwiertka, *Modern Japanese Cuisine*, 113.

## 普罗文学与劳动描述

　　随着制造产业的劳动人口于 20 世纪 20 年代激增，普罗文学（无产阶级文学）描绘食品从业者对于劳动所感到的痛苦就成了稀松平常的事情。其中最知名的作品之一，就是小林多喜二（Kobayashi Takiji）的经典代表作《蟹工船》（*Kani Kosen*）。该故事描写蟹工船上工人们污秽又悲愤的低薪生活，字里行间巨细靡遗地记载着骇人的工作细节。另外一部较少人知道的作品则是里村欣三（Satomura Kinzo）于 1933 年发表在《改造》（*Kaizo*）杂志 [1] 上的短篇故事《"支那"面店开业记》。故事主要描写主人公为了养家糊口并维持尊严，加入摆摊售卖"支那面"的行列，这篇故事不仅让我们一窥摊贩的日常作息，同时也呈现了主人公在经济与社会绝望景象之下的见闻。

　　《"支那"面店开业记》从描述日落后准备上工的情景起笔，写实的文字呈现出主人公脱离日落而息这一自然规律的辛劳生活。作者以第一人称表示，尽管日子总是一再地重复着，但是这样的生活作息还是让"我"感到忿恨与不安。接着主人公讲述自己每天晚上都要拖着推车出门营业，使得他的小腿因此疼痛不已。他扪心自问，何苦要在这种连鸟儿都休息的时段出来拼命？他在心中呐喊着，"这样还能算得上是活着吗？" [2]

---

[1]　山本实彦（Yamamoto Mitsuhiko）于 1919 年创办《改造》杂志，该杂志以发表反映资本主义发展带来的社会问题的左翼写作而闻名。受"横滨事件"影响，日本当局曾于 1942 年强制关停杂志，并以宣传共产主义为由控告其出版者。

[2]　Satomura Kinzo, "Shina soba ya kaigyo ki," *Kaizo,* December 1933, 54.

就算他心中鄙视这份差事，但为了扛起对妻子与四岁儿子的责任，还是得继续这样讨生活。尽管不舍妻子忍受这般贫苦的生活，但他还是对妻子不了解叫卖"支那面"的痛苦而悲愤不已。他说道："她根本不管桌上的食物是靠我写作、推车叫卖，还是去到乡下讨生活才得来的，只要过得下去就可以了。"[1] 无独有偶，知名作家江户川乱步（Edogawa Ranpo，此笔名意在向埃德加·爱伦·坡 [Edgar Allan Poe] 致敬）在正式成为作家之前也是以推车贩卖为生的。[2]

尽管故事主人公是为了养育儿子才愿意每天这样工作，不过，他还是不禁要问："究竟有多少人愿意放弃自己的理想，每天这样不厌其烦地工作，只是为了要养育孩子呢？最终不过成了弃之道途的丑陋尸体，或像是一具昆虫脱壳后留下的空壳罢了。"[3] 主人公的想法再次变得灰暗，然后便拖着推车走出家门，缓缓走进昏黑的街道。

紧接着他开始抱怨生意难做，尤其是吹奏七孔喇叭（*charumera*）更是难如登天。这种据称由葡萄牙传入、形似笛子与唢呐结合的乐器是当时"支那面"摊贩叫卖的营业信号。[4] 喫茶店女服务员与路人对他的嘲弄让他心里非常不是滋味，这些人说他没有吹奏的天分，自然也拒绝品尝他煮的汤面。此外，那些准备就寝的人则会严厉咒骂他在

---

[1]　Satomura Kinzo, "Shina soba ya kaigyo ki," *Kaizo,* December 1933, 55.

[2]　Hayamizu, *Ramen to aikoku,* 20.

[3]　Hayamizu, *Ramen to aikoku,* 20.

[4]　这种木质管状乐器通常吹奏的音调为 so-la-xi-la-so, so-la-xi-so-la，尽管它在 20 世纪 70 年代时便已从大多数日本的街巷社区消失了（连同沿街叫卖这一贩售方式），但在东南亚的一些地区，至今仍然有贩卖食物的推车会使用它招揽生意。

夜里让人不得安宁。[1] 同行竞争更是激烈，他后来沿路叫卖到了高圆寺一带的喫茶店地区，那里已经有五六家摊贩驻足营业了。他只好继续拖着推车前行，因为他在这样饱和的市场中毫无胜算。

后来有几个客人不满意他的面条没煮熟，接着又有七位喫茶店的女服务员上门光顾，每个人都点了一碗汤面。其中一位女服务员已经醉了，开始以各种方式羞辱他。作者在结尾时写道："那些女服务员也是人。只要喝醉了，她们也想要欺负那些比自己弱小的人——这就是人性。如此一来，我很高兴自己可以消解那位酩酊大醉的女服务员心中的怨恨。"[2] 夜间工作的女子恣意鄙视他的所作所为，让这位"支那面"摊贩毫无招架之力，只能逆来顺受。最后他牺牲自己成全他人，成了堕落与绝望之深夜经济下的代罪羔羊。不论是身心上的折磨或是技术上的困难，这篇故事正是"支那面"小摊生意难为的最佳写照。

小林仓三郎（Kobayashi Kurasaburo）在另一份左翼刊物《中央公论》（*Chuo Koron*）杂志上发表了《面店的故事》，其中对于贫困的着墨较少，反而更关心工业资本主义取代既有饮食习惯的情形。小林仓三郎撰写这篇社论的目的在于针砭外国食物与食品制造工业破坏了日本长久以来的饮食习惯，他花了相当大的篇幅描写东京旧式面店的价值，而这些面店绝大多数在 1923 年关东大地震之后消失了。他开

---

[1]   Hayamizu, *Ramen to aikoku*, 57.

[2]   Hayamizu, *Ramen to aikoku*, 60.

篇便埋怨当代面店经营缺乏专精技术，竟然可以在同一家店内同时贩售"荞麦面、'支那面'、咖喱饭、红豆汤与蜜豆甜点"，"旧式面店甚至会因为贩卖以米食为主体的料理而难为情，而今却有太多面店称不上一家真正的面店了，真让人难过。"[1]

　　小林仓三郎接着感叹荞麦面制造技术的工业化发展，指出这样的发展导致了食物品质低下与饮食从业者在经营原则上的整体堕落。他写道：

　　　　从前，中野、高圆寺与武藏野一带的农民耕种荞麦，贩售荞麦面的店家都是自行将荞麦碾制成荞麦面粉，如此荞麦面才能有新鲜的香味。然而，近来的荞麦面粉却都是经由机器大量碾制与长途运送的商品。制作最美味的食物并不是这些商人的优先考量，他们在乎的是如何将成本降到最低。如此一来，商人的本能就是拿着算盘计较利润，而这显然是无可避免的……此外，如今手工制面竟然可以成为店家广告的噱头，这代表机械制作的荞麦面已经相当普遍了。然而，过去真的不是这样。[2]

　　这篇社论对于食物制造技术转型的批判性观点，也显现出整体工业经济变动所造成的纷扰。东京农业人口与耕地锐减、大型食品企业

---

[1]　Kobayashi Kurasaburo, "Sobaya no Hanashi," *Chuo koron,* December 1938, 428.

[2]　Kobayashi Kurasaburo, "Sobaya no Hanashi," *Chuo koron,* December 1938, 430.

关心成本更胜口感的态度，以及手工食品的新价值，都是整体经济向工厂体系转移的主要特色，而这样的现象只会随着时间而更加明确。此外，过去荞麦面店专属日常用语的流失，也让小林仓三郎在文末针对日本工业化时代的变化提出谴责。许多知识分子熟知食物制造、经济组织与用语趋势间的相似之处，而他们也都将这些相似之处与不同地区社会生活的转型相互比较，这也正是我所关注的重点。

## "支那面"的日本化

日本几家知名拉面店的发迹故事也体现了中国厨师将这道料理转型为日本生活主食的贡献，首当其冲的就是前文所说的 1910 年开业的"来来轩"。除此之外，正因为这道料理就如日常用品般稀松平常，所以坊间也有许多关于"支那面"在 20 世纪初刚问世时的相关记录，像是制造商或是消费者的材料。关于"支那面"在这段时期的记载，我们可回溯至 20 世纪八九十年代记载的故事，其中有许多知名从业者让这道料理进一步浸入日本饮食习惯的轶事与传说。

中式料理主要是在 20 世纪二三十年代开始出现在日本各地小型城镇的餐厅中，像佐野、久留米、和歌山、尾道、博多、熊本与鹿儿岛。这些城镇在当时都有着为数众多的工业人口、食品处理厂以及火车运输系统等足以让"支那面"商户维持生计的必然要素。佐野市 1926 年时人口约为 5 万，而当地包含推车摊贩在内已经有 160 家贩售"支那面"的商铺。[1] 如前所述，邻近地区的小麦耕种与面粉制造工厂，再加上高度密集的工业人口（佐野市还包含许多纺织业人口），都是在市区经营中式汤面生意的适配条件。日本铁路上越线以及东北线在此地交汇，使佐野市成为一大交通枢纽，也使其成为早期工业发展的重镇。此外，佐野也是率先以大规模机械制面取代传统手工拉面生产的地方之一，因此该地会成为早期中式汤面制造与消费的重要地区，其实并不意外。

佐野知名拉面店"蓬莱轩"（Horaiken）第三代经营者小川秀夫（Ogawa Hideo）指出，当地第一家供应"支那面"的商铺其实是1916年开设的西式食堂"惠比寿食堂"，而该店大厨正是一位中国厨师。由于主厨专精中式料理的背景，他决定在菜单里加入像"支那面"这样的中国菜色。小川秀夫的祖父小川理三郎（Ogawa Risaburo），当时正是这位中国主厨的学徒，扎扎实实地学会了烹煮"支那面"的技巧。1930年，小川理三郎开始经营自己的推车摊位，并且贩售自己在"惠比寿食堂"做学徒时所学的"支那面"。根据小川秀夫所言，其祖父小川理三郎后来便成功开创了佐野市第一家专门贩售"支那面"的餐厅——"蓬莱轩"。[2]

尽管日本各个城镇都流传着关于拉面先驱的故事，但出自札幌的大久昌治（Ohisa Masaji）与厨师王文彩的故事却具有特殊意义，这

---

[1]　Okuyama, *Bunka menruigaku,* 70.

[2]　Okuyama, *Bunka menruigaku,* 70.

不仅是因为札幌拉面于 20 世纪 60 年代蓬勃发展掀起了拉面热潮，也因为它提供了关于当时反华情绪的一种记录。正如“来来轩”的尾崎贯一那样，大久昌治在开餐厅之前也担任过公职。他一开始是国家铁路局的员工，后来加入警事单位；而王文彩则来自中国山东，并曾在库页岛工作过。两人于 1922 年相识，不久之后，大久昌治与妻子便决定将自家经营的便当店转型为餐厅，取名“竹家和食店”（Shina Ryori Takeya）。该餐厅主要主顾就是当地的学生与铁路工人。

　　大久昌治的妻子经常目睹王文彩与其他中国工人饱受日本客人的歧视，这些顾客常常会用贬抑的字眼来点这道料理。大久昌治的妻子为了遏止这样的行径，于是就提出将菜单上的“支那面”改为厨师们使用的行话“拉面”，希望可以杜绝顾客使用那些不敬的词语。随后，这个用法逐渐在札幌地区流传开来，也使得札幌成为第一个（而且是战前唯一一个）普遍使用“拉面”而非“支那面”的城市。[1]

　　大久昌治后来又于 1928 年在北海道旭川市开了第二间店，取名为“芳兰”（Horan）。旭川位于北海道铁路的最北端，同时也是农作物的加工重镇。大量麦子与牲畜运输都会经过旭川市，而且当地住着许多在食品加工厂做事的工人（当地亦是国防要塞并设有军营），因此“支那面”与其他价格实惠的店家自然能在此找到容身之地。

　　和歌山拉面的起源故事主要围绕一位名为高本光二（Takamoto

---

[1]　Okuyama, *Bunka menruigaku,* 54.

Koji）的韩国人展开。[1] 高本光二 1940 年开始从事拉面生意，以推车摊贩起家，当时名为"丸高"（Marutaka）。而其极具风味的汤头——先将猪骨用酱油煮过，接着再用这些骨头熬高汤，酱油则拿来腌制叉烧肉——便是后来和歌山拉面的标准烹调流程。高本光二的学徒多半也是韩国人，他们在其后数十年间主宰了和歌山的拉面生意。如此一来，除了以中国人为主的拉面传奇故事之外，高本光二的故事也让韩国移民登上了历史舞台。[2]

宫本时男（Miyamoto Tokio）原本是一位乌冬面摊摊主，1938年，他在九州开创了当地第一家"支那面"店，名为"南京千两"（Nankin Senryo）。厨艺精湛的宫本时男开创了著名的九州豚骨拉面——将猪骨熬上数小时直至汤汁浓郁并呈乳白色，最后加上少量的酱油，并搭配极细的白色面条。据说宫本时男当初会开发这种熬煮汤头的方法，也是在南京町当学徒时观察中国厨师烹煮什锦面（又称"支那乌冬面"，长崎地区的特色料理）时得到的启发。宫本时男的主要客源是居住在九州福冈县南部的小城久留米的学生与军人。[3]

尾道是另一个因地理位置而成为早期工业制造发展中心的城市，也因此，20 世纪 20 年代拉面在这里就已普及。尾道自古就是海运的物流集散地，造船贸易使得劳动人口在此汇集，进而促使"支那面"

---

[1]　Koreans living in Japan often took Japanese names, although many chose not to as well.

[2]　Raumen Museum website, www.raumen.co.jp/rapedia/study_japan/study_raumen_wakayama.html (accessed July 31, 2013).

[3]　Okuyama, *Bunka menruigaku,* 77.

生意蓬勃发展。这些为数可观的工业劳动人口中有相当比例来自中国台湾与韩国，为各式摊贩的兴起提供了肥沃的客户土壤。来自台湾台中的朱阿俊就是一位出身国外的"支那面"发展先驱。朱阿俊一开始在尾道当地的造船厂工作，失业之后便开创了当地第一家"支那面"摊，尔后逐渐扩大店面经营。他的"朱华园"（Shukaen）除了吸引电影散场人潮之外，也成为造船厂老同事们聚会的热门选择。[1]

"支那乌冬面"（现称"什锦面"[*chanpon*]）与"支那（荞麦）面"有着背景相似的起源，"支那乌冬面"大约于 19 世纪末到 20 世纪初在长崎一带受到欢迎。1899 年，来自中国福建的陈平顺开设了一间名为"四海楼"（Shikairo）的餐厅，据说就是长崎第一家推出"支那乌冬面"的地方。虽然初期的顾客主要是当地的中国留学生，不过当地的居民们后来也慢慢认识了这道便宜又美味的料理。陈平顺于 1903 年开发了日文菜单，其中列出了所有受到当地居民喜爱的菜品。[2]

从以上这些例子可以得知，"支那（荞麦）面"（以及"支那乌冬面"）的推广与日本工业化之下的新型人力与货物流动有着相当紧密的关联。从偏乡进入都市的移居人潮、工业劳动力形塑下的中国厨师[3]，

---

[1]　Okuyama, *Bunka menruigaku,* 84.

[2]　Chanpon Museum, Shikairo Restaurant, Nagasaki, June 3, 2006.

[3]　中国厨师在日本中国移民中的比例稳步增长。1910 年，8 529 名移民中有 122 名厨师，约占 1.4%；1920 年，22 427 名移民中有 549 名厨师，约占 2.4%；1930 年，39 440 名移民中有 2 007 名厨师，约占 5%。参阅 Oda Kazuhiko, *Nihon ni zairyu suru Chugokujin no reki-shiteki henyo* (Tokyo: Fueisha, 2010)。

还有那些在贸易协定港口融合中国食物后酝酿出的日本都市饮食，这些因素都催生了这道美味、便宜又能快速上桌的中式汤面。那些不同起源故事所提到的学生、军人、造船厂工人、码头工人、铁路工人与其他工业劳动人口，都是"支那面"需求的核心所在。再者，来自不同国家的工人反而才是为都市劳动人口料理食物的要角，因为他们才是整体经济成长背后提供实际动能的人。

上述故事同样说明，铁路运输带来的便利也是促使"支那面"蓬勃发展的重要原因。那些"支那面"出现时期较早的城市，诸如 20 世纪一二十年代的旭川及佐野，都是地区的交通枢纽，来自乡下或殖民地区的原料与食物都是在这两个地方进行加工。量产与原料加工促使中式汤面成为一道广受劳工欢迎的便宜料理，而这并不单纯只是因为美味或消费者偏好的关系，而是与新型的经济生产息息相关。

无论从什么角度回溯"支那面"的缘起，日本近代（特别是在 20 世纪 30 年代）的外交与军事扩张过程始终都环绕着中国。广受欢迎的中式汤面在百货公司、小型中式食堂、军事基地、员工餐厅与推车小摊那里都可以见到。而这样的发展与外国学生及劳动人口的迁移有着相当重要的联系，包括来自中国与韩国的外来人口、移往伪满洲国统治地区的日本与韩国农民，还有上百万移居都市成为劳动人口并借此尝试新式料理与娱乐形态的农民。尽管在日本现有的拉面历史总是着墨于那些勇于创新求变的日籍师傅，特别是被奉为典范的尾崎贯一与"来来轩"的故事，不过从前面所提到的例子便可得知，日本拉面的发展其实是多元（国家）背景荟萃的努力成果，而其中更包含许多非日籍人士的重要贡献。

## 战争时期的"支那面"

为了扩大贸易、国防与殖民疆界，日本一直企图在亚洲大陆站得更稳，在历经六十年的尝试之后，终于得以在英美两国的庇荫下而有所成。但自 1930 年起，日本的外交政策转为与英美形成对峙局面，因这两个国家阻挡了其在中北亚的扩张，冲突的导火线便是日俄战争后日本取得了中国满洲地区的铁路控制权。满洲是中国东北部天然资源充沛的地区。1931 年，驻守在中国满洲的日本关东军将领在未经东京当局许可的情况下出兵占据该地区（即九一八事变）。当地关东军之所以会在 1931 年占领中国满洲地区，主要是为了解决日本国内因为全球大萧条而日益严重的经济危机。攻占中国满洲地区的行动使日本获得了更多殖民统治地区进行农业耕种与工业化发展，并对抗苏联政府，此举在当时获得日本国内多数媒体的"赞同"。日本侵占中国满洲地区后，便扶植建立了徒有其表的伪满洲国政权，最终导致其与英美两国关系的决裂，接着便与德国及意大利合作，将自己推上第二次世界大战的不归路。当时日本的领导者们自认伪满洲国的情势就像是美国在中美洲的角色一样，声称其为日本版的门罗主义（Monroe Doctrine），不过英美两国却不以为然，共同认定那是一种侵略行为。

日本与英美两国在中国对策上的关系也就此分裂——英美支持蒋

介石政府并承认其为中国的领袖，日本政府却只承认中国某位地方军阀为中国领袖。1937年，蒋介石的国民革命军与日军因为卢沟桥事变爆发冲突，后来愈演愈烈，始料未及地扩大发展为长达八年的全面抗日战争（1937—1945）。正当双方僵持不下时，日本政府开始限制并拘捕非法兜售食物的行为，目的在于减少浪费并全力充实军队物资。

国家经济转而为战争动员做准备，购买"支那面"与其他熟食的可能性因此大幅降低。日本国家经济分成好几个不同的阶段进行重整，结果竟形成政府与军队独占资源的中央集权系统，几乎所有基本物资都要通过中央整合与分配。如此一来，日本政府便开始通过配给制度控制食物补给。总理大臣近卫文麿（Konoe Fumimaro）在1938年首次颁布《国家总动员法》，接着又在1941年实施大规模日常必需品配给制度，诸如大米、面粉、鸡蛋、鱼、植物油及糖，都要通过配给才能取得，最后更于1942年2月正式制定《食料管理法》进行管制。

日本政府严格执行食物配给制度，并加强取缔商业食物贩售的行为，使得"支那面"及其他受欢迎的餐厅料理于1942年间在都市区销声匿迹，偏偏这个时间点正是日本过去十年来劳动力与军人粮食需求最高的时期。由于战争的关系，军人与重工业劳动人口不断增长，粮食需求的管理也出现了问题，主因在于直接或间接参与战争的人所分到的粮食明显比一般平民百姓多上许多。根据1942年颁布的《食料管理法》规定，军人、重工业劳动者及一般民众每天可以分到的大米分别是 600 克、420 克及 330 克。[1] 尽管主食依旧短缺，但中国满洲地区大豆产量的提高以及日本农民的努力耕种，都或多或少可以“弥补”一些战时粮食需求的增长。

正如 20 世纪二三十年代那些代表着现代生活到来的商品与休闲嗜好一样，“支那面”也在战争动员时期遭到舍弃，成了过去奢侈矫作时代的遗俗。日本政府于 40 年代实施的基本粮食配给制度，也使那些认为国家正处于存亡之际的人民将外食视作铺张浪费和自我沉沦的行径。配给制度在 1938 年已经取代家庭制作，成为主要的食物取得管道；到了 1942 年，日本当局又进一步加强经济管控，将所有人力与物资转向优先满足军队需求。然而，日军于 1944 年起节节败退，这也意味着政府管控的食品制造与物资进口已经跟不上政府当初承诺的水平了。如此一来，许多都市民众被迫与农民以物易物、交换粮食，或是与他人合作集体耕种，甚至必须以非常食材充饥，像是昆虫、叶子及树根。

经济控制之下，“支那面”的贩售也被禁止，目的是为了让生产最大化，并且借此抑制战时物资制造对原料的高度需求所衍生的通货膨胀压力。尽管这些政策都是应急的临时措施，不过多数也都在战后美军占领期间（1945—1952）延续了下去。经济历史学者中村隆英（Nakamura Takafusa）宣称：“日本战后经济几乎就是战时经济体系的

[1]　United States Strategic Bombing Survey, *The Japanese Wartime Standard of Living and Utilization of Manpower* (Washington, DC: Manpower, Food, and Civilian Supplies Division, 1947), 2.

延续。战争时期发展的工业成为战后的主要工业形态，而战时发展的技术也在战后再度成为出口工业的主力。"[1] 战后国民的生活状态同样源自战争时期发端的各项转变：轻工业转向重工业、工具与零件代工生产兴起、以银行为核心的产业合并趋势、官僚体制采用行政管理作为经济事务的治理方针，还有贸易公会转向企业工会发展……这些都是战争时期出现的转变，也都成了战后经济制度的基础。[2] 如此一来，官僚体系于战争时期所取得的经济控制也延续到了战后，进而发展成为 1970 年代美国人熟知的"日本式"经济管理。[3]

关于禁止走访中式餐厅享用"支那面"或到喫茶店聚会的规定，也在多数以社区为基础的中产阶级激进分子之中获得广泛反响。这些人早在日本进入战争之前就将这类活动视作不爱国又浪费的糜烂行为。官方促进增产与消费紧缩的政策在民间获得普遍支持，才是配给制度得以成功推行的重要前提，于是政府官僚也极力参与呼吁平民百姓多工作、少消费的各式宣传活动。其中两项关于限制食物消费的例子就是每月 8 日与 28 日的"无肉日"，以及"日本国旗便当"的推广，即在白米饭中间放一颗腌梅子。

另一个广受欢迎的减少食物摄取的活动，是日本妇女协会在 1937

---

[1]　Takafusa Nakamura, *The Postwar Japanese Economy: Its Development and Structure, 1937–1994* (Tokyo: University of Tokyo Press, 1995), 3.

[2]　Takafusa Nakamura, *The Postwar Japanese Economy: Its Development and Structure, 1937–1994* (Tokyo: University of Tokyo Press, 1995), 3.

[3]　Chalmers Johnson, *MITI and the Japanese Miracle: Growth of Industrial Policy, 1925–1975* (Stanford, CA: Stanford University Press, 1982).

年推广的"消灭白米"活动，即提倡食用未磨去外壳的糙米，也就
是日本所谓的"玄米"，借此增加米的分量。这项活动的目的之一是
戒除食物浪费，后来日本官方也于 1939 年 12 月正式施行《白米禁止
令》，明文规定稻米外壳不得去除超过 30%。[1]

　　废止餐厅外食、推广"日本国旗便当"、"无肉日"及消灭白米活
动，都在妇女协会与其他社区组织的积极参与之下顺利开展，而这些
组织也都以提振道德与战时"为国奉献"为名，支持政府加强对市井
小民的生活控管。中产阶级与官僚体系的坚强阵线乃是基于双方在科
学发展以及理性解决社会问题的共识之上，进而形塑了 20 世纪 30 年
代"社会管理"兴起的基础，并且也在四五十年代延续下去。普林斯
顿大学历史学教授谢尔顿·盖伦（Sheldon Garon）指出："这些由上
而下的控制虽然看起来像是国家当局主导的政策，但其实往往都是因
应非政府团体的要求而推行的计划。这些政策背后的主导力量既不是
什么大地主，也不是什么大企业，反而只是属于老一辈中产阶级的小
农与小商人，再加上新一代中产阶级的教师、社工、医疗人员、家庭
主妇以及受薪职员。"[2] 从这个角度来看，面对战时粮食缺乏的问题，
一开始往往是国内的社区团体自发发起应对行为，为的就是表达与前
线部队站在同一阵线上的决心。

---

[1]　Bruce F. Johnston, *Japanese Food Management in World War II* (Stanford, CA: Stanford University Press, 1953), 198.

[2]　Sheldon Garon, *Molding Japanese Minds: The State in Everyday Life* (Princeton, NJ: Princeton University Press, 1997), 16–17.

日本在战争时期推广简约生活与维持民众士气的活动，导致"支那面"就此销声匿迹，而这些举措其实与美国当时的宣传活动有着极为相似之处。国家推行的饮食政策为社会各阶层带来了深刻影响。除了美军轰炸与商船沉没导致日本国内粮食供应紧缩之外（这点并未在美国发生），美日两国在管理粮食供给与宣传应时饮食观念上都有相似之处——政府以前所未有的方式干涉食品制造、加工、储存与配送；不断倡导家庭主妇应该减少外出消费，多在家中自制食物，甚至还要抱持着民族主义的心态来看待食物……诸多宣传都改变了食物的意义与功能，而这样的改变也在这两个国家中继续影响着后来的各个世代。因此，美国与日本在全面战争动员的相同逻辑下衍生出许多同样的日常生活实践，而且在社会经济规划与政治劝说上，他们也采用了类似方式，对双方的社会转型产生深远影响。美国饮食文化史学者艾米·本特利（Amy Bentley）观察后指出：

> 官方强制执行食物配给制度，希望借助高级食物与日常食物的公平分配保持公信力，并增强美国民众身体和心灵的满足感。为了维持公众支持度或是至少让民众继续容忍配给制度，政府的宣传活动会以食物为形象，将美国描绘成一个稳健、富裕又团结的社会。这些宣传活动尤其想要取得美国妇女的认同，因为她们才是一般家庭饮食消费的负责人……[1]

---

[1]  Amy Bentley, *Eating for Victory: Food Rationing and the Politics of Domesticity* (Urbana: University of Illinois Press, 1998), 1.

避免铺张浪费、杜绝黑市交易、鼓励自制食物、实行食物配给制，不管这些政策看起来有多么琐碎，美国人都会在这一过程中持续感受到自己为战争所做的付出。[1]

在本特利的描述中，美国政府通过突出性别差异（激发女性的爱国情绪）所做的限制食物消费的宣传，恰巧与日本在 20 世纪 30 年代末与 40 年代初的宣传不谋而合。当时广泛存在的 "胜利菜园" （Victory garden），即私人或集体耕作的菜园，就是美国与日本在战争期间共有的生活生产方式。除了胜利菜园的农作物外，两国还会依靠战俘与殖民地区劳动力来刺激生产，这也是两者的另一共同之处。战事爆发之初，日本大约有 20% 的稻米进口自韩国与中国台湾。纵使后来因为货船沉没而造成粮食短缺，日本还是可以稳定地从中国满洲地区取得大豆作物。台湾在战前以及战时都是日本非常重要的蔗糖供给来源，直到殖民统治结束为止。占领中国部分领土、新加坡和菲律宾的日本军队，则主要依赖法属印度支那及暹罗的稻米为生。而美国国会则通过政策吸引 15 万农业人口从他国持临时签证进入美国，这些人口分别来自墨西哥、巴巴多斯、巴哈马、牙买加、加拿大与纽芬兰。除此之外，还有 6.5 万名战俘也被当作农工调度派遣。[2]

---

[1]  Amy Bentley, *Eating for Victory: Food Rationing and the Politics of Domesticity* (Urbana: University of Illinois Press, 1998), 4.

[2]  United States War Food Administration, *Final Report of the War Food Administrator, 1945* (Washington, DC: U.S. Government Printing Office, 1945), 30.

　　凡是由两国的食物配给单位定义为国民主食的食物，从此成为国家文化的长期象征，影响力更胜其他粮食。以日本为例，稻米成为国民主食也是在战争配给系统下确立的事实。同样，说回美国，比起推广饮食习惯和让穷人更容易取得热门食材，致力让肉类（尤其是牛排）成为工薪家庭在配给制度下的主食，也完全是政府的功劳。当配给制度取消之后，这些食物继续被视作两国饮食习惯中的重要元素，这一切都源自全面战争动员时期的改变。

　　有感于必须借由日常生活管理才能促使工人阶级产能最大化，美日两国的中产阶级社群领袖与积极进取的官僚主义者自然地站在了同一阵线上，共同规范何为"健康"与"卫生"，并且避免自由消费主义在战争动员期间成为民众的可能选项。运用政策宣传推广消费限制，并加强全面的社会管理，这些都是美国与日本社会的共同特色，同时也呈现出内部阶级关系在全面战争动员时期的相似性。[1]

---

[1]　Yasushi Yamanouchi, J. Victor Koschmann, and Ryuichi Narita, eds., *Total War and "Modernization"* (Ithaca, NY: Cornell University Press, 1998).

# 第二章

---

## 不易之路

### 黑市经济与美国占领

东京住宅区中的大众食堂

希望我们可以回到那个符合经济学基本法则的状态，也就是收入水平较低的人吃面食，而收入较高的人吃米食。

——日本财务大臣池田勇人（Ikeda Hayato），1950 年 12 月 7 日

1945 年 8 月 15 日，日本昭和天皇发布《终战诏书》，战争至此结束。然而，连年战争引起的粮食短缺问题依旧在日本延续了好几年。战败为日本政府的统治带来了危机，随之而来的社会动荡就包括粮食短缺引起的犯罪问题。而在美军正式占领日本并且接手统治权期间（1945—1952），那些本来由日军囤管的粮食补给与基本物资便立刻消失了，随后转以极高的价格在黑市贩售。

1945 年 10 月，日本正式投降一个月后，全国一共出现了大大小小 17 000 个不同规模的黑市。[1] 黑市在这段时期的扩张也让犯罪集团有机可乘，他们趁日本政府与美军当局无法完全掌控基本物资交易情

---

[1]　Hayamizu Kenro, *Ramen to aikoku* (Tokyo: Kodansha Gendai Shinsho, 2011), 20.

况，而从中赚取丰厚利润。黑市经济的出现是因为腐败政府的纵容，接管日本后试图继续控制粮食与其他基本物资的生产及配销的美国人同样难辞其咎。最终，黑市在战后三年间发展成为都市商业活动的核心，拉面也在战后成为民间的热门料理，为处在集体绝望与饥饿之中的人民提供养分来源。

日本制面匠人在美军占领期间开始称呼这道中式汤面为"中华面"，同时也避免使用"支那面"一词。这样的变化意味着美日双方正努力将日本改造成为一个和平国家。根据《战后宪法》（又作《日本国宪法》，由美国起草并在占领日本期间颁布）第九条规定："日本国民衷心谋求基于正义与秩序的国际和平，永远放弃以国权发动的战争、武力威胁或武力行为作为解决国际争端的手段。"日本政府与媒体也开始称呼中国为"中国"，意指"中土"或"中央王国"，这也是日本战败后应中国代表严正提出更改官方称号的要求后做出的改变。

这样有所避讳的过渡时期反映出日本人回避任何带有帝国主义与战争记忆的用语，同时也企图通过不同的重建方式来改造日本。除了"中华面"这个称呼之外，札幌有些店家早在 20 世纪 20 年代就开始使用"拉面"一词，因此它也成为战后流行的用法。不过，当时日本还是有很多人沿用"支那面"，甚至使用更具贬义的"清面"来指涉这道中式汤面，在一些早期战后电影中我们可以发现类似的称呼方式。[1]

---

[1]　比如可以参考小津安二郎导演的《秋刀鱼之味》，具体讨论见第三章。

　　然而，严格说来，贩售或购买"中华面"以及其他餐厅料理，在当时依旧属于非法行为，因为美军在接管日本之后仍延续了战时关于贩售食物的禁令，也维持原有的基本物资配给制度。因此，这道都市工人阶级的招牌料理就在被轰炸过的城市中发展成一道黑市摊贩料理。"中华面"在非法摊贩间兴盛的趋势也反映出面食在当时较米食更容易取得的事实。

　　日本战败导致稻米短缺，也因此让美国进口小麦成为替代选项。过去从韩国与中国台湾等殖民地区进口稻米的管道已被阻断，而日本国内 1944、1945 年连续遭逢稻米歉收，因此美军就以进口小麦为应急措施，此举也让日本战后对面食的依赖取代了对米食的需求。此外，美军占领日本期间，多数从美国进口到日本的小麦最后也都流入黑市拉面摊贩的手中。不过由于这些都是违法行为，因此流进黑市的确切小麦数量始终不得而知。

　　拉面在日本再度兴起其实也是美国的策略性手段，其目的就是要将小麦以食物救援的形式倾销到亚洲各个友邦。美国一开始认定解决粮食严重短缺的问题是日本人自己的责任，不过后来政策急转，大量倾销小麦到日本，并将此举视为 1948 年初开始的日本经济重建的规划内容之一。美国小麦在当时肩负着相当重要的政治功能，即为劳动者提供充足的体力，以重建当时东亚最大的非共产主义经济体（即使日本早已在战争中饱受摧残）。如此一来，随着冷战情势开始在东亚蔓延开来之后，美国为了达成策略性的地缘政治目标与维持商业出口利益，将占领日本时期的粮食政策从吝啬的紧急救助，转为提供政治与经济上的各项支援。

　　拉面及其他由美国小麦制作而成的食物在这个时期扮演着相当重要的角色，它们让许多日本人免受饥饿折磨。除此之外，美国小麦运达日本的时间点正好也是日本人民不满日本政府与美军无法合理执行配给制度的高峰期，针对政府腐败的民怨冲突眼看就要一触即发。此时，日本共产党领袖们也趁机鼓励大众对政府当局处理粮食的无能表达不满，而美国当局则企图借着输入（美国）小麦的机会塑造自己悲天悯人的救世形象，每一批美国小麦抵达日本时，就会顺势大肆宣传一番。来自美国的紧急救援粮食及时促成拉面摊贩的再度复苏，也消解了潜在的民怨与暴动，因为饥荒、食物分配不均与其他生活上的困顿，常会成为日本共产党兴起的动力。

　　美军当局仅允许警察惩罚消费者与摊贩，但是却对大批原料供应商放任不管，此举似乎是想要放任黑市价格渐渐失控。现代日本历史研究学者约翰·道尔（John Dower）就在其研究美军占领日本时期的巨作《拥抱战败：第二次世界大战后的日本》（*Embracing Defeat: Japan in the Wake of World War II*）中指出："当企业家、政客与卸任的军事将领在黑市中操其奇赢，日本政府官员与美国领袖们觥筹交错时，约有 122 万名平民百姓，不分男女，在 1946 年因非法黑市交易遭到拘捕。这一数字在接下来两年继续攀升，分别达到了 136 万与 150 万。"[1] 这些黑市摊贩多半都与地下帮派组织挂钩，他们将基本物

---

[1]　John Dower, *Embracing Defeat: Japan in the Wake of World War II* (New York: W. W. Norton and Company, 2000), 100.

资与家用品转售给绝望无助的买家，从中获取价差暴利。当时这些摊贩不仅售卖政府物资，也转售贪官污吏囤积的美军用品，甚至妓女们也会在美军大兵光顾时收到日用品作为报酬。[1]

日本警察隔三岔五就会逮捕并拘留违反餐厅营业法令的"中华面"摊贩，但是几乎没有任何小麦供应商会被拘捕。日本政府与美军当局无心解决黑市问题的态度渐渐引起多数人的质疑，而其中又以媒体首当其冲，他们开始怀疑警方与高阶政府官员是否也利用非法粮食交易中饱私囊。当时的媒体指出，警方拘捕了上百万名从事小规模贩售的摊贩，却放过让货物流进市场的大供应商。部分记者试着揭露参与黑市交易的供应商以及其与政治圈的关联。然而，就算这些记者冒着生命危险想要揭发丑闻，无奈多数都是无功而返，这些众所周知的贪污事件始终没有机会被摊在阳光下。

美国小麦与猪油流入黑市途径的改变促使"中华面"得以回归民众生活，城市中饱受战乱摧残的劳动者们有机会经营"中华面"推车、流动食物摊一类的小生意。如同 20 世纪 30 年代一样，拉面以经济庇护的形态回归市场，而都市居民也重新发掘出享用一碗热乎乎中式汤面的乐趣。

多数供应"中华面"的摊贩都是过去居住在殖民统治地区的侨民、工业劳动人口（包括许多韩国人与中国人）以及退役军人，这样的多元族群也反映了日本 20 世纪 40 年代末与 50 年代初大规模的人

---

[1]    Ino Kenji, *Tokyo yamiichi koboshi* (Tokyo: Futabashi, 1999).

口迁移与地理政治上的变迁。"中华面"在许多日本人的记忆中是物资极度匮乏年代所引进的料理，其在历史与象征意义上产生的回响则要在半个世纪之后才能逐渐明朗。那些以拉面为主题的作者与拉面博物馆的策划人员在 20 世纪八九十年代共同为这道料理编写出权威的历史记录，其中也提到了拉面在美军占领时期对日本都市的重要性——面对后工业化时期的萧条与经济困顿，这道料理在日本人怀旧的家国记忆中占据了重要位置。

## 饥饿与恢复能量

1944 年到 1947 年是日本现代史上最严重的饥荒时期。尽管美军轰炸与原子弹带来了战败的苦难，紧接而至的两年饥荒与营养匮乏，才是一段更加漫长又黑暗的艰辛岁月。因此，"百般煎熬"正是大众对这一时期的印象。尽管帝国政府的势力在投降后由强力且浮夸的美式民主制度取而代之，不过对于大多数人而言，缺少粮食、保暖衣物以及妥善的居所，才是最血淋淋的战败生活的样貌。多数日本民众的粮食与基本物资供给在战败后两年毫无改善，战时的苦难经历没有在日本政府于 1945 年投降之后终止，反而在美军占领时期一直延续。全球食品制造不足以及日美当局督导不周的配给制度，都让日本社会于战后两年每况愈下。

　　遍及全日本的饥荒现象在 1944 年至 1947 年间持续蔓延，拉面就在这样的痛苦背景下重新出现，也为城市生还者带来极为深远的影响。除了以番薯与白萝卜果腹之外，拉面与其他黑市中标榜"恢复能量"的食物成了广受欢迎的替代选择。与拉面一样，饺子、日式炒面（*yakisoba*）、日式烧饼（*okonomiyaki*，即通常所称的御好烧）这些用美国进口小麦制作的食物，都是当时的黑市专属，为可以负担得起的人提供了充足的能量。这些热门又重油的黑市料理统称为"能量恢复料理"，原因在于制作过程采用了大量蒜头、油脂与面粉。这些由美国紧急进口小麦制成的料理，也缓解了战事结束前日本就已出现的稻米短缺问题。

　　自从美国人于 1945 年占领日本之后，粮食问题就在接下来的两年中持续恶化，城市的粮食问题更是到了危机存亡之际。日本国内食品制造产出从 1943 年到 1945 年大概下滑了 26%，主要原因是政府在战争期间将主要资源从农业转向工业及供应战争所需[1]，后又随着战败而失去了殖民统治地区的粮食供给。[2] 番薯、大豆、日本南瓜与白萝

---

[1]　具体而言，1944 年 2 月至 1945 年 2 月，日本军队征募了 874 000 名体格健壮的农民，氨的供给从为农业服务的氮肥生产转向硝酸等弹药军工制作，分配给农具制作的铁原料数量下降了 75%，连耕地用的马匹都被军队征用了，这些措施都严重妨碍了日本的农业生产。United States Strategic Bombing Survey, *The Japanese Wartime Standard of Living and Utilization of Manpower* (Washington, DC: Manpower, Food, and Civilian Supplies Division, 1947), 9.

[2]　太平洋战争爆发之前，日本会从韩国和中国台湾进口大米，从中国台湾和荷属东印度群岛进口蔗糖，从澳大利亚、加拿大和美国进口小麦，从中国满洲地区进口大豆。然而 1943 年后，封锁、沉船，以及农作物歉收，使日本进口食物量锐减，只够满足日本整体卡路里消耗的 9%，相当于 1941 年的一半。日本人没有其他办法，只能选择替代性主食。失去小麦供应，从韩国、东南亚运来的稻米也因为盟军的海域封锁而被截断，在此情况下，（转下页）

卜因此成了替代性的主食，还有后来在 20 世纪 40 年代变成人民基本
生存所需的小麦。这种情形又以 40 年代中叶最为明显，因为不管是
肥料、设备工具或牲畜，都在这段时期因为补充战争军备或支援战事
遭到摧毁。

　　日本饮食文化研究学者奥村彪生（Okumura Ayao）出生于 1937
年，以下是他在书中描写战后粮食极度短缺的回忆：

　　　　1944 年起，连乡下学校的操场都变成了耕种番薯的菜园，我
　　们要吃番薯的各个部分，从叶子到根部都可以吃。我们也会食用
　　自家耕种的南瓜，一样是所有部分都吃，包括南瓜皮与南瓜子。
　　至于蛋白质的摄取，我们就靠吃甲虫。甲虫的幼虫也可以吃，还
　　有其他在收割作物时发现的昆虫，烤一烤或压成泥来吃。当时即
　　使到了乡下，食物也还是相当匮乏。

　　　　"必胜食料"在当年成了全国关于改变与适应食物供给最普及

---

（接上页）日本政府转而从中国满洲地区进口大豆及其他农作物。日本和中国满洲地区的
运输线路更加安全，因此，尽管 1939 年至 1945 年从韩国进口的稻米量降低了 90%，但 1941
年至 1945 年从中国满洲地区进口的大豆量却上涨了 30%。满洲进口粮食的增加，以及大力
推广替代性食物在学校操场、家庭花园和其他公共绿地的小规模种植，多少抵消了从殖民
统治地区进口食物的巨大损失。作为大米的替代品，大豆、番薯、马铃薯和其他粗粮成了
1943 年政府食物配给的对象，而配给量的逐步下降给了民众明确的信号，战事的走向已逐
渐偏离预期。具体而言，1944 年 2 月至 1945 年 2 月，日本军队征募了 874 000 名体格健壮
的农民，氨的供给从为农业服务的氮肥生产转向硝酸等弹药军工制作，分配给农具制作的
铁原料数量下降了 75%，连耕地用的马匹都被军队征用了，这些措施都严重妨碍了日本的
农业生产。United States Strategic Bombing Survey, *The Japanese Wartime Standard of Living
and Utilization of Manpower* (Washington, DC: Manpower, Food, and Civilian Supplies Division,
1947), 18.

的用语。当时的农林大臣石黑忠笃（Ishiguro Tadaatsu）呼吁全民弃绝将稻米视为日本主食的观念，要食用任何有办法取得的食材，像是植物的叶子，以及任何从前认为不能食用的植物部位……

东京大轰炸后，"决战食"在民间兴起。当局指挥民众要物尽其用，于是生长在路边的橡果、破布子、树根与野草，蜗牛与蝾螈，都成了我们赖以为生的食物。[1]

奥村彪生的回忆也代表着多数日本人对于第二次世界大战最后一年的共同记忆。

祸不单行的是，嗷嗷待哺的人口也随着日本的战败而暴增，因为从亚洲及太平洋地区各个殖民统治地区回归的日本侨民竟高达 800 万人之多。[2] 人口激增使得日本年度食物摄取需求预算从 1946 年的 655.2 万吨稻米等价物，攀升到 1947 年的 794.6 万吨。[3] 屋漏偏逢连夜雨，这也正是殖民统治地区作物供应中断的时候，而日本于 1944、1945 年因为天灾人祸所造成的稻米歉收，也直接让眼前的问题更加恶化，最终造成广泛的饥荒问题。

由于配给食物不足以满足基本生存所需，黑市交易就成了非耕作人口的必然选择，而在饥饿与犯罪之间抉择也并非易事。当时一位名

[1]  Okumura Ayao, *Shinka suru menshoku bunka* (Tokyo: Foodeum Communication, 1998), 174.

[2]  Lori Watt, *When Empire Comes Home: Repatriation and Reintegration in Postwar Japan* (Cambridge, MA: Harvard University Asia Center, 2010).

[3]  Steven Fuchs, "Feeding the Japanese: MacArthur, Washington, and the Rebuilding of Japan through Food Policy," PhD diss., SUNY Binghamton, 2002, 129.

叫山口良忠的法官就因为拒绝食用黑市商品，而在 1947 年 11 月死于营养不良，后来报道记者称他为"日本的苏格拉底"。[1] 这一报道令人印象深刻，充分说明了政府当局所配给的粮食根本无法维持基本生存所需。

对于那些没有从政府取得配给，或是没有通道与非法供应商勾结并取得基本物资的民众而言，索求无度的黑市就成了他们求生的唯一选择。正因如此，多数想要活下去的日本民众就得参与这样的非法行为。一份解密的美军当局报告《占领日本第一年之粮食情况》（*Food Situation during the First Year of Occupation*）中指出："即使在最艰难的情况下，每日 1042 卡热量的主食配给，只够供应正常成年人每日所需最低热量的 65%，远低于专家建议的摄入量……既然所有食物都受到配给制度的管制，那么能够额外补充能量的来源就只剩自家制作、赠礼与黑市交易。"[2] 平均公民配给量本来就已经不足以为生，偏偏政府连原本承诺的配给量都无力提供。1946 年 3 月起，东京与横滨的居民便开始经历漫长的配给递延、减量，甚至取消的艰苦岁月。这份报告中也指出东京居民在 1946 年 3 月到 6 月间，平均只收到官方承诺配给量的 70%，相当于每天大概 775 大卡的配给粮食。[3]

---

[1]　Owen Griffith, "Need, Greed, and Protest in Japan's Black Market, 1938–1949," *Journal of Social History* 35, no. 4 (Summer 2002): 858.

[2]　Supreme Commander for the Allied Powers, Economic and Scientific Section, Price Control and Rationing Division, "Food Situation during the First Year of Occupation," undated, National Diet Library U.S. Occupation Archives Microfilm (Tokyo), 11.

[3]　Supreme Commander for the Allied Powers, Economic and Scientific Section, Price Control and Rationing Division, "Food Situation during the First Year of Occupation," undated, （转下页）

对于一般日本人而言，黑市中的基本物资虽然应有尽有，但是太贵。基本物资与货币之间的汇兑攀升导致通货膨胀，正好反映了官方与黑市物价的差异，其中又以后者为最。美军占领日本的第一年年末，官方批发价格整整上涨了 539%，第二年又上涨了 336%，第三年再涨 256%，第四年则是 127%。相较之下，黑市价格在美军占领第一年大约是官方平均批发价格的 34 倍，后来在 1946 年末降至 14 倍，1947 年 9 倍，1948 年 5 倍，到了 1949 年则降至官方批发价格的 2 倍。[1]

黑市经济的盛行也为民主化的日本带来了挑战，那些与战时国家产业和军事行动的领导者们有裙带关系的人，同样也在战后控制着日本经济。直到 1947 年 7 月，日本国会才着手讨论并调查囤积与私藏粮食的问题，当时粗估约有 3000 亿日元的等值物资从国库流入私人手里。[2] 1948 年 4 月 26 日，《日本时报》（*Nippon Times*）刊登了一篇名为《冰山一角：官方调查放任私囤物资的主要问题》的报道，文中表示讨论私藏与囤积公共物资是非常重要的政治议题，而且此时此刻，政府真正追回的物资少之又少。

日本国会委员会在私囤物资调查中掌握了堪称耸动的证据，为数惊人的物资都掌握在特定政治人物的手中。然而，有力消息又进一步指出，若以这些私囤物资的政治用途来看，日本国会委

---

（接上页）National Diet Library U.S. Occupation Archives Microfilm (Tokyo), 9.

[1]  Dower, *Embracing Defeat*, 115–16.

[2]  Dower, *Embracing Defeat*, 117.

员会所发现的不过是冰山一角罢了。消息来源指出，日本陆军与海军在日军投降时掌握的上千亿日元的物资的流向，才是最主要的问题，其中包含了粮食、衣物、珠宝、贵金属、现金与工业原料。

车载斗量的囤积物资本来该由日本内务省转交到日本人民手中，但事与愿违，根据国会调查委员会的资料显示，其中部分物资已经流到某些政治领袖的手里，而绝大部分则落入了其他相关人员之手……

美军当局对此提出谴责，并表示那些私藏物资已经成为日本黑市运营的基础了。黑市运营的目的就是要支持当时仍在操控日本的"黑幕"或"幕后政府"运作，无视任何正在进行的净化与民主化活动。[1]

当这篇报道公开之后，日本媒体，特别是《日本时报》《读卖新闻》与《朝日新闻》隔三岔五就会揭发地下组织首领活动以及警方贪污丑闻，而这些媒体记者也经常要面对各式各样的生命威胁。尽管媒体已经将这个议题摊在阳光下，日本国会委员会却无力追回大部分落入政治领袖与帮派手里的失窃物资与货币。

基本物资分配不均的问题愈演愈烈，正好也让日本共产党伺机而起。他们借此提醒人民，政府无能与贪腐才是战后物资短缺的真正原因，这是人祸而非天灾。他们斩钉截铁地指控政府的贪污与失职，在

---

[1] Howard Handleman, "Only Scratches Surface: Main Problem of Hoarded Goods Held Not Being Tackled in Official Probe," *Nippon Times,* April 26, 1948.

眼睁睁看着黑市公开交易的许多民众心里引起了共鸣，众多黑市又以东京台东区的阿美横黑市最为出名。除了贩售口香糖、巧克力与烟酒之外，黑市也成了转售大米与面粉的场所，最常见贩售形式就是"中华面"与其他加了很多蒜头与油的"恢复能量料理"。

当美国人知道食物是收服各地民众人心的关键之后，杜鲁门政府就召集了内阁级别的顾问委员会，以促进美国当局关于援助计划的各项沟通事宜。1946 年 2 月，美国战争部长、商务部长、农业部长与美国国务卿共同组成"联合粮食委员会"，针对同盟国占领地区有限的粮食资源分配议题进行讨论。然而，尽管日本当时是同盟国众多占领区中唯一面临饥荒的国家，美国政府却未将其列入优先考量。美国战争部长与驻日盟军总司令在 1946 年 2 月到 5 月期间的电报往来显示，美国政府认定日本没有比其他盟军占领或未占领的地区更需要粮食救援，而美国政府的基本态度是日本人民的粮食问题是他们自己的责任。一份时间为 1946 年 2 月 28 日的电报内容指出：

> 就美国避免极度饥荒的救援责任而言，针对某些濒临饥荒的地区，本讨论以下列问题为决议要项：
>
> 一、日本与其他地区的情势比较结果如何？
>
> 二、日本自给自足的能力如何？
>
> 三、如何增加现有资源？
>
> 四、如何解决运输问题以提升粮食运送量，尤其是美国国内运输问题（当前遭遇工人罢工）？

针对日本的供给需求，你在报告中提出都市消费者每天摄取
1600 大卡至 2100 大卡的热量，显然比其他地区还高，而配给系统
必须立刻受到严格控制，并将消费率降至最低，以符合现行标准，
目的在于避免大规模饥荒、疾病蔓延与民生不安。[1]

简而言之，针对日本的粮食问题，美国政府提出的主要解决方式
就是将民间消费率在不违反人道考量或不会引起政治危机的前提下，
试着降至最低，同时也要求增加国内生产量。

日本粮食短缺及其促使国家政治立场左倾的情况与韩国的处境相
似。当时两国都在竞相争取美国援助，而美军当局也担心民间要求粮
食与基本物资不成，反而会助长两国的共产主义势力，因此才被迫有
所作为。尽管日本粮食问题在 1946 年 2 月已经相当严重了，麦克阿
瑟将军在所有远东占领地区的管辖权让他必须将日本的处境与其他地
区一同列入考量，诸如韩国与琉球群岛，而适度的物资调动也在所难
免。1946 年 4 月间的一连串最高机密电报显示，为了对抗左翼势力的
影响，麦克阿瑟将军决定将当时运往日本的面粉改道转至韩国。其中
一份由麦克阿瑟将军于 1946 年 4 月 13 日发给盟军欧洲最高指挥官艾
森豪威尔将军的电报中指出：

---

[1] Cable from Secretary of War Patterson to Supreme Commander of the Allied Powers,
February 28, 1946, in Ara Takashi, ed., *GHQ/SCAP Top Secret Records* (Tokyo: Kashiwashobo,
1995), set 1, vol. 2, 175.

为了化解韩国左翼分子利用当前粮食短缺问题引发严重的心理与政治危机，我正考虑将一批原定配给日本的 2.5 万吨小麦救援物资即刻转给韩国。这批救援物资若未能及时送达，我认为驻韩美军将会立刻面临一连串的重大威胁。

针对韩国的粮食需求，我已透过电报 C-59678 传给战争部，补充资料也在与吉尔克里斯特（Gilchrist）上校与农业部克雷格（Craig）的电话会议中提交。上述电话会议中已指示原本允诺送往日本的粮食将转运至韩国，而 4 月送往日本的粮食将会减至 5 万到 6 万吨。

上述计划变更难免遭到非议，并为占领韩国与日本的目标带来威胁。尽管日本政府非常积极配合促进采收、节省现有粮食储量与增加各地自有生产（包含渔获），但目前所核准的分配量还是会低于避免营养不良、疾病与不安的最低需求量。罗杰·哈里森（Roger L. Harrison）上校率领粮食事务部门并呈交到华府的报告中也证实了这些事情，同时强调了当前情况的急迫性。

关于我提出的韩国粮食需求报告，我恳切地希望你可以慎重考虑，并允诺将这 2.5 万吨粮食改道运至韩国，此外也重新调整接下来计划运往日本的农作物，以应对 4 月的运送缺口。[1]

尽管麦克阿瑟将军努力要将小麦转送至韩国，艾森豪威尔将军

---

[1]    Cable from Supreme Commander of the Allied Powers, General MacArthur, to Army Chief of Staff, General Eisenhower, April 13, 1946, in Ara Takashi, ed., *GHQ/SCAP Top Secret Records* (Tokyo: Kashiwashobo, 1995), set 1, vol. 2, 166–67.

却没有办法满足粮食分配的额外需求。最后，麦克阿瑟将军决定转调
1.6 万吨小麦至韩国，而非原定计划中的 2.5 万吨。1946 年 4 月 26 日，
麦克阿瑟将军通过最后一份最高机密的备忘录告知韩国最高指挥官霍
奇（Hodge）中将，他决定运送两船小麦去韩国，以平息左翼分子引
起的骚动：

> 我已经竭尽所能争取额外粮食以平息骚动，最终的消息是战
> 争部认为农业部或联合粮食委员会目前不可能承诺将送往日本的
> 小麦转送至韩国。
>
> 然而，有鉴于韩国当前政治情势危急，且你也明白目前日本
> 粮食供应的情况亦相当危急，我还是会转调两艘原定于 5 月第一
> 周抵达日本的小麦货船去韩国，每艘船的小麦运送量约是 8300 吨。
> 预计抵达时间会尽快发电报通知。[1]

这一连串的电报往来显示，当时美国以粮食供给作为打击韩国左
翼政治势力的核心策略，同时我们也可以清楚看到粮食状况在日韩之
间的相似之处。

就当时美军掌控的亚洲及欧洲地区来说，日韩之间针对美国有
限粮食资源的竞争不过是件小事罢了。正当麦克阿瑟将军为了太平洋

---

[1]　Cable from Supreme Commander of the Allied Powers, General MacArthur, to General
Hodge, Commanding General of U.S. Forces in Korea, April 26, 1946, in Ara Takashi, ed., *GHQ/
SCAP Top Secret Records* (Tokyo: Kashiwashobo, 1995), set 1, vol. 2, 161.

地区紧急小麦运送费心时，艾森豪威尔将军则要为美军托管的欧洲区域内的小麦运送运筹帷幄。由于政策关系，亚洲人配给到的平均粮食比欧洲人少了很多。1946 年 4 月 27 日，一份由艾森豪威尔将军传给麦克阿瑟的最高机密备忘录《德国与日本的粮食危机》（*Food Crisis in Germany and Japan*）显示，针对这两个美军占领之下的最大国家，艾森豪威尔在粮食资源的分配上遭遇了极大挑战："受到全球谷物歉收的影响，两国原本就相当缺乏的公民粮食配给量将会降低到极度危险的最低配额。为了维持供应每日 1275 大卡的配给量，4 月、5 月与 6 月将会运送 15 万吨谷物到德国。至于日本，为了维持供应每日约 800 大卡的配给量，同期将运送 45 万吨谷物至日本。"[1]

尽管运送至日本的谷物数量是德国的三倍之多，不过以两国每人每日配给量相比，德国人每日有 1275 大卡的供应，日本人每日则是 800 大卡，前者比后者多了 60%。尽管杜鲁门政府清楚知道日本国内的粮食自给量过低，却仍旧坚持日本民众必须自行解决问题。此外，美国当局将攸关性命的粮食配给转送至韩国等其他美军占领国的举动，也在 1946 年春天引起日本警察与美国军队之间的严重冲突。

美国在占领地区的差异化粮食政策在德国与日本的比较中可见一斑。而另一项类似的政策就是，同盟国最高指挥官针对居住在日本的"西方外国人士"与"东方外国人士"在粮食配给上的不同政策。根

---

[1]  Joint Chiefs of Staff Document 1662, Memorandum from the U.S. Army Chief of Staff to the Supreme Commander of the Allied Powers, April 27, 1946, National Diet Library U.S. Occupation Archives Microfilm (Tokyo).

据麦克阿瑟将军的下属、美军驻日总司令部民政局局长考特尼·惠特尼（Courtney Whitney）1946 年 1 月 15 日的备忘录显示：

一、针对以上议题，经济与科学部门发布了一项命令并已送交日本政府。该命令规定西方外籍人士的每日配给量为 2400 大卡，而东方外籍人士的每日配给量为 1800 大卡。如此差异主要由于西方人种有较高的食物需求。

二、尽管此项指令是依据完备的科学理论而提出的，即西方人与东方人在粮食需求上存在显著差异，但总司令部提出这样差异化的命令将会导致以下问题：

（一）损害我们与其他亚洲同盟国之间的关系，像是中国；

（二）与消除种族差异与歧视的公开政策相抵触；

（三）导致最高指挥官遭受白人优越主义的非议。

三、倘若该政策的立意是为了确保在日的非日籍居民在基本食物配给量上能够有所区别，那么建议提出不涉及种族的分类方式。根据盟军基本投降训令规定，现行办法必须要"确保联合国成员国公民的健康与福祉"，敌国与中立国的公民并无享有特殊待遇的必要与许可。

四、简而言之，身为同盟国的最高司令部，若仅是因为白人的同种关系，而将德国人与意大利人的权益优先于菲律宾人、中国人与韩国人，这样的举动不仅违反常理，甚至会让本司令部落入不光彩的审视之中。为了对我们的亚洲友邦表达善意（单纯从

饮食的角度），任何相关命令都应该确保提供他们与西方敌国公民
至少相等的粮食配给量。[1]


　　尽管麦克阿瑟将军办公室因为害怕招致负面评价而决定率先终止
这项命令，但是这份文件依旧显示出，当时占领势力的高阶官员还是
普遍相信在营养需求上有着符合科学的种族差异。此外，这份文件也
让我们得知，惠特尼致力推翻这样明显的种族政策是为了改善美国在
亚洲友邦间的形象。

　　东京粮食短缺的情形愈演愈烈，1946 年 5 月初，数十万男男女
女与孩童一起抗议食物配给不足，以及大规模的黑市腐败问题。尽管
盟军最高指挥官与战争部担忧情势恶化，但抗议最终并没有形成暴
动。不过这也让美国人清楚知道，饥饿已经将都市里的日本人逼上绝
路了。日本与德国的粮食严重短缺问题使得艾森豪威尔将军不得不在
1946 年 4 月底送交了一份最高机密备忘录给杜鲁门总统，内容警告面
对这两个国家美国只有两个选项——增加粮食或增兵。报告最后两段
更从军方的角度提出了对于当前危急情势的看法：


　　　　降低德国与日本的食物配给量，将会低于人民得以勉强糊口
　　　的最低水准，接下来这两国便会爆发疾病与地区骚乱。从军方的

---

[1]  Supreme Commander for the Allied Powers, Office of the Chief of Staff for the Supreme
Commander, Memorandum from the Office of the Chief of Staff, January 15, 1946, National
Diet Library U.S. Occupation Archives Microfilm (Tokyo).

角度而言，撇开该情势可能带来的长期政治影响，为了抑制动荡与维持秩序，大规模向战领地区增派军队在所难免。

国务卿、战争部长与海军部长皆针对目前攸关重大的情势提出紧急应对计划。就军方的态度来说，即刻的激烈手段势在必行。[1]

这份文件证实，艾森豪威尔将军提出粮食运输的要求，目的是为了遏止潜在的暴动，毕竟美国当时并没有准备好增加额外的军力。然而，美国政府当时提供的紧急粮食运送并不是救援，而是借贷，因为美国政府预备要让日本政府在复苏之后以全额计价的方式还清。《占领日本第一年之粮食情况》报告指出："在此必须言明，过去一年运到日本的粮食并非救济物资，而是商业出口，日本必须以当时的美元价格全额清偿。"[2] 因此，那些由美国进口小麦制作的"中华面"其实价格不菲，而多数在日本享用的人却不自知。

美国政府不只在紧急粮食救援上向日本政府全额计价，甚至还规定日本人必须支付占领军力的大部分开销。现代日本历史研究学者约翰·道尔指出：

--------

[1] Supreme Commander for the Allied Powers, Office of the Chief of Staff for the Supreme Commander, Memorandum from the Office of the Chief of Staff, January 15, 1946, National Diet Library U.S. Occupation Archives Microfilm (Tokyo).

[2] Supreme Commander for the Allied Powers, Economic and Scientific Section, Price Control and Rationing Division, "Food Situation during the First Year of Occupation," undated, National Diet Library U.S. Occupation Archives Microfilm (Tokyo), 11.

日本人一直到美国人抵达之后才得知，大部分的居住开销与支援庞大占领军队的费用都将由日本人买单。结果显示，美军的开销在占领初期竟高达日本国家预算的三分之一……1948 年，正当 370 万个日本家庭颠沛流离、居无定所之时，日本政府竟被迫提拨比例如此之高的国家预算来支付占领者的房屋与相关设备开销。当然，还得确保这些待遇符合美国的生活水准。[1]

然而，由于美国人严格监控日本媒体，因此当时日本人对于占领部队的开销几乎毫无所知，反倒被教育要感谢美国提供粮食援助的大恩大德。就算是食物也无法逃过杜撰历史的影响。

## 卡路里与共产主义

冷战局势在亚洲的蔓延，使得美国不得不改变在日本原有的严苛的粮食政策，开始积极着手解决饥荒的问题。如此一来，美国小麦变成"中华面"与其他食物的原料就有了重要的区域政治目的，也就是抑制共产主义势力在日本崛起。1947 年春天，美国政府为了达成这一目的，一改原本对日本经济是否能自行修复的观望态度，转而积极制定政策，协助日本进行再工业化。

---

[1] Dower, *Embracing Defeat*, 115.

这样的转变其实是杜鲁门政府的政策，目的是要通过德国与日本的经济复苏来打压苏联的围堵策略。1947 年初，与美国同盟的中国国民党政府在与中国共产党的对抗中节节败退，美国政府从中撤出军队（不过仍持续提供军火与补给），转而重建日本军队与经济力量，作为围堵共产主义势力的地区政治策略。1947 年 3 月，由美国海军部长詹姆斯·福莱斯特（James Forrestal）、商务部部长威廉·埃夫里尔·哈里曼（William Averell Harriman）、农业部部长克林顿·安德森（Clinton Anderson）、战争部部长罗伯特·帕特森（Robert Patterson）、副国务卿迪安·艾奇逊（Dean Acheson）、陆军次长威廉·德雷普（William Draper）与前总统赫伯特·胡佛（Herbert Hoover）组成的内阁级别成员一同会晤，商讨将日本长期规划为美国太平洋地区资本主义经济联盟国的相关事宜。所谓"大新月"（Great Crescent）地带，其地理位置涵盖了南亚与东亚，经济联盟成员包含了巴基斯坦、印度、缅甸、马来亚、新加坡、泰国、法属印度支那、荷属东印度、菲律宾群岛、中国台湾与韩国。不论从划界还是概念而言，这个区域几乎与日本在"二战"期间提出的"大东亚共荣圈"一样，[1] 而救援粮食补给便是美国在这一地区阻绝苏联影响的主要手段之一。

1947 年 4 月，美国参谋长联席会发表了一篇题为《以国家安全为考量对他国提供援助》（"Assistance to Other Countries from the Standpoint of National Security"）的报告，内容强调美国协助日本经

---

[1] Michael Schaller, "Securing the Great Crescent: Occupied Japan and the Origins of Containment in Southeast Asia", *Journal of American History* 69, no. 2 (September 1982): 392–414.

济与军事复原的战略性利益。文中指出，"就所有太平洋地区的国家而言，美国确实值得考虑重建日本经济与军事力量。"[1] 相较于前述1946 年 2 月电报内容中杜鲁门政府最初认定美国无须为日本经济重建负责的态度，这确实是相当值得注意的转变。华盛顿官员就在这样的转变之下于 1947 年运了 157.1 万吨的稻米等值物资到日本，比同年早先承诺的 101.8 万吨还多。[2]

粮食进口是美国在冷战时期协助日本与德国重振经济的基本手段。毕竟，想要恢复产能的首要条件，就是先解决重点产业（如采矿业）劳动者所面临的粮食短缺问题。一份记载于 1949 年名为《劳工补充物资分配》(*Supplementary Distribution of Commodities for Workers*) 的美国占领当局文件，详细记录了美国当时为了促进复苏而针对重工业劳动力提出的战时补充配给计划，包括计划的背景、目的与施行细节。报告中指出：

> 劳动者特殊粮食配给制度于 1941 年开始施行，而当时基本物资缺乏的情况已经相当普遍。这项制度的目标是要提高工人生产力并改善出 / 缺勤情形。
>
> 人民的生活条件在战争时期本来就相当困顿，而投降后又变得更加艰辛。因此，提供给工人的补充物资配给就变得越发重要

---

[1] Michael Schaller, *The American Occupation of Japan: The Origins of the Cold War in Asia* (New York: Oxford University Press, 1987), 90.

[2] Fuchs, "Feeding the Japanese," 130.

了。1946 年 11 月，日本政府为工业从业者采行新政策以增益当时的补充配给计划。1947 年 6 月起，这项政策不仅被视为保护劳动者生活的方式，更是成为达成稳定国家经济目标的重要手段。

1948 年 5 月，现行的劳动者补充物资配给组织与程序正式推行……

粮食的补充分配是补充配给计划中相当重要的一环。这样，特殊粮食计划几乎涵盖了所有建设项目，诸如矿业、制造业、天然气与电力设备、陆地与航海运输、建筑与公共工程等相关活动，排除在外的仅有少数次等制造业活动。看护服务类的劳动者，例如医院护士，就被归入本项配给计划之中。当时受惠于粮食配给补充计划的劳动人口总数约在 730 万。[1]

这份文件不仅强调工人营养与国家经济复苏之间的关系，同时也将 1947 年 6 月标记为美国政府采行该项政策的时间点。值得注意的地方在于，这个时间点正好就在杜鲁门政府决定加快日本经济复苏脚步的那次内阁级别的会晤发生不久之后。此外，这篇报告也指出杜鲁门政府于 1948 年 5 月开始执行高度优先人口的粮食救援分配制度，而此举也解决了连续三年夏季粮食严重短缺的问题与相继而来的抗议活动。

---

[1]　Supreme Commander for the Allied Powers, Economic and Scientific Section, Labor Division, "Supplementary Distribution of Commodities for Workers," undated, National Diet Library U.S. Occupation Archives Microfilm (Tokyo).

日本厚生劳动省在美国占领期间进行的营养调查也显示，美国当局在 1947 年冷战白热化后，对强化日本劳动力表现出高度兴趣。早在 1945 年，厚生劳动省就奉美军命令进行了详尽的东京人口营养健康调查，主要方式便是计算 6000 户家庭的卡路里摄取。当初为营养不良与粮食短缺的问题而进行的这些调查，目的是要作为进口美国粮食数量的衡量依据。1947 年，日本政府开始搜集身高与体重数据，恰巧是美国政策翻转并开始供应战略性产业工人粮食的计划节点。这一年，日本政府完成了第一次详尽的人口普查，乡间人口也包含在内。更进一步的全国普查也正好与美国政府决定优先协助日本全国经济复苏的时间点相符。1952 年，美军占领的最后一年，日本政府实施《营养改善法》，明文规定厚生劳动省定期执行营养与生理健康普查。[1]

占领期间对美国小麦进口的依赖也造成日本之后长期仰赖进口粮食的情形，进而促成拉面与其他面类食物于日后数十年间在日本的蓬勃发展。稻米替代品——自第一次世界大战后兴起的趋势——彻底改变了日本人的饮食模式。多数在家料理美国面粉的日本家庭主妇都会将面粉制作成类似营养口粮的压缩饼干、类似面疙瘩的水团与自制乌冬面。除此之外，食用面食的人口也开始飞快增长。专门研究面粉的学者大冢（Otsuka）表示，由于美国小麦输入量的增加，日本的面食

---

[1]  Japan Ministry of Health and Welfare, *Kokumin eiyo no genjo* (Tokyo: Koseisho , 1994), "Introduction." For the 1947–2000 editions, see www.nih.go.jp /eiken/chosa/kokumin_eiyou/ index.html.

消费总量从 1948 年的 262 121 吨增加到 1951 年的 611 784 吨。[1] "中华面"、炒面、御好烧以及其他使用美国小麦制作的佳肴，价格都在黑市中水涨船高。

　　当时美国占领当局针对日本家庭主妇做了一项详尽的调查，旨在掌握日本人食用进口小麦的方式。民间情报教育局于 1950 年 3 月 3 日发表了名为《日本人民使用面食与面粉之调查》(*Survey of Bread and Flour Utilization by the Japanese People*) 的报告，内容包含日本家庭使用面粉的研究结果。这份报告指出：

　　　　日本民众对面食的接受度其实相当低，而且他们仅将面食视作临时权宜之计，而非永久性的饮食选项。

　　　　多数家庭主妇宁愿收到面粉作为配给（而非面包）。家庭制作的面类食品在乡下地区相当普遍，而都市中多是通过店铺加工制作。尽管如此，多数家庭时不时会通过商业形式（店铺）加工处理面粉，这种时候，指定制作成乌冬面与面包的人数量相当（都市妇女多半选择面包，乡下妇女多半选择乌冬面）。不过家庭加工时，选择乌冬面的人通常会比面包多，尤其是在乡下。[2]

---

[1]　Otsuka Shigeru, *Shushoku ga kawaru* (Tokyo: Nihon Keizai Hyoronsha,1989), 79.

[2]　Supreme Commander for the Allied Powers, Civil Information and Education Section, "Survey of Bread and Flour Utilization by the Japanese People," March 3, 1950, National Diet Library U.S. Occupation Archives Microfilm (Tokyo).

美国人致力研究日本饮食习惯的主要目的，是要强化劳动力并刺激经济产能，而其重塑日本饮食模式的企图心在学校的午餐计划中清晰可见。一开始是大城市中的小学生每天一定要有面食、饼干与奶粉作为主食，之后就扩及全日本的学生，不论年纪与所在区域。美国推行学校午餐计划的重要性，不仅在于培养对抗日本共产党势力的强力后盾，同时也是在被占领国国民眼中建立占领势力正当性的重要宣传。此外，该项计划对于杜鲁门政府而言也是向国会争取预算支援日本的重要公关手段，毕竟日本在当时相当不受欢迎。1948 年 5 月 25日，公共健康与福利部门针对进口配给对于学校午餐计划的影响所提出的备忘录显示，该计划在帮助驻日美军取得国会预算，且此计划能成功推进与美国前总统胡佛的高度涉入大有关系："胡佛先生建议借由本地产品与必要进口物资来推行学校午餐计划，而根据我们在德国推行学校午餐计划所取得的经验，提供（日本）学校午餐计划的食物配给应明确一定份额，即便为了维持当地食物经济自给而削减进口粮食，该计划也不会受到影响。"[1]

如前所述，杜鲁门政府于战后致力于在亚洲建立"大新月"势力，以对抗苏联为首的共产主义阵营，胡佛便是上述内阁级别会议的关键策划人之一。他个人直接参与日本和德国的学校午餐计划，以及国家安全委员会（National Security Council）针对"大新月"战略的

---

[1]  Supreme Commander for the Allied Powers, General Headquarters, Public Health and Welfare Section, "Allocation of Imports for Japanese School Lunch Program," May 25, 1948, National Diet Library U.S. Occupation Archives Microfilm (Tokyo).

拟定，这些举动都显示出美国粮食救援在外交政策上的重要性。

美国不断勤勉地借由为战败国提供紧急粮食救援来宣扬自己虚假的宽宏大量。举例来说，最高司令部办公室从 1948 年起推行一项宣传手段，旨在告知所有日本家庭，那些进口救援粮食纯粹是美国人的善行义举，因为美国于情于理都没有救助日本的义务。为了达成这个目的，美国"建议"日本政府通过媒体公布每次小麦货轮进港的消息，以新闻报道的方式提醒日本民众美国的大恩大德。民间情报教育局一份未注明日期的报告，详细列出了占领政府致力告知日本民众的三项重点：首先是进口粮食物资的消费方法，其次是进口粮食的高度营养价值，最后是美国人提供粮食的宽宏作为。这项报告指出，民间情报教育局的官员"协助"日本政府制作了 4 款传单、2 款手册与 2 款海报发行全国，作为面向大众的宣传方式。此外，这项报告也记录了 49 篇新闻稿、3 场媒体发布会、每日广播节目、一次东京学童以"感激进口食物"为题的作文竞赛，甚至还有一部由理研制片公司制作的动画《跨海而来的爱》，以颂扬美国提供进口粮食的慷慨。[1]

一份由民间情报教育局制作的传单"如何料理配给的粮食"，是另一个宣传美国进口食物营养价值高，以及美国人无私奉献的例证。传单上画了一个身强体壮的人举着一个盛有许多面食的托盘，看起来就像举重选手一样。传单上写道，"蛋白质是体力来源。面粉的蛋白

---

[1]　Supreme Commander for the Allied Powers, General Headquarters, Civil Information and Education Section, "Imported Food Utilization Program Progress Report," undated, National Diet Library U.S. Occupation Archives Microfilm (Tokyo).

质含量比稻米多了 50%。美国花了 2.5 亿美元给你们供应食物。请学习妥善使用并将益处发挥到极致。”[1]

尽管这些宣传总是围绕美国的宽宏大量说个不停，但日本政府终究付清了美国在占领期间所有粮食补给与其他援助的相关费用。1962年 1 月，日本政府同意在十五年内偿清美国 4.95 亿美元的费用，其中包含占领期间输入的粮食、原料以及燃料，但这还不包括日本早先为这些外国军队所支付的“战争终结费”，估计总额将近 50 亿美元。[2] 简而言之，所有粮食费用都是日本纳税人自己掏腰包购买的，而美国在日本非常时期的慷慨说词，也成为日本官方战后历史中相当重要的部分。

除了无法克制不自吹自捧外，美国如此费力宣传其慷慨无私的作为，其实也是为了破除日本共产党当时认为经济失能、贪腐远比物资及食物短缺的情形更加严重的主张。“中华面”当时在黑市兴起，就是小规模制粉厂暗中操作，让面粉流入制面匠人手中，挟一般物资以换取利润的典型例子。政府的贪污腐败也引发日本共产党领袖四处发表演说，并撰写公报呼吁农民拒绝政府征收稻米，鼓动都市居民向配给单位要求品质更好的配粮，要求政治人物必须停止与黑市经济之间的政商勾结。

美国占领当局的民间情报教育局会定期搜集、翻译与呈报左翼

---

[1]  Supreme Commander for the Allied Powers, General Headquarters, Civil Information and Education Section, "How to Cook Your Food Ration," undated, National Diet Library U.S. Occupation Archives Microfilm (Tokyo).

[2]  Dower, *Embracing Defeat,* 576.

分子的公报与演讲内容，递交到总司令部办公室，借此向美国提供关于日本共产党势力的整体情报。举例来说，民间情报教育局翻译了一篇 1948 年 4 月 8 日的日本共产党公报："我们必须持续地宣传，日本生产的稻米与小麦足够供给国内所需。这些粮食转入黑市是因为官僚疏漏与配给制度的腐败，我们必须揭露这些真相让人民知道。我们在宣传时必须特别强调一点，即当我们开始仰赖这些来自外国的粮食之后，就等于屈从于这些外国政府的裁制，最后会导致种族的灭亡。"[1]另一份由最高指挥部翻译的最高机密文件则显示，日本共产党意图打乱美国以粮食为手段的计划。以下是一篇日本共产党领袖于 1948 年 3 月 16 日在岛根县发表的演说：

标题：共产党分子反对交付稻米之演说

一、以下资讯由可靠消息来源提供，仅供参考。

二、1948 年 2 月 23 日，共产党官员宫胁龙一（Miyawaki Ryuichi）发表以下演说，地点在岛根县簸川郡伊波野村的大光寺。

交付稻米令农民不堪其扰，生活困顿的农民甚至选择上吊自缢。报章新闻则选择性回避报道这样的悲剧。只要农民没有将自己的粮食保有量通过非法的渠道转售，那么他们根本就没有必要为了补足交付量而交出自己的保有量（自给生活的稻米配给量）。许多青年团体提出对此立法，警告农民与黑市保持距离。不过我

---

[1] Supreme Commander for the Allied Powers, Civil Information Section, April 8, 1948, National Diet Library U.S. Occupation Archives Microfilm (Tokyo).

坚决主张，他们在提案或警告农民之前，应该先要求当局定出一个更合理的配给量，好让农民有办法百分之百完成他们的交付量。群马县岩美町西部的交付量之所以可以这么低，就是共产党人反对不公平稻米配额的努力成果。相较之下，出云市地区的农民之所以还要交出过高的配额，正是因为本党在当地的势力不足的关系。[1]

这文件显示出粮食对于美国占领当局与日本共产党在公共关系上的重要性。对美国占领当局而言，宣传粮食援助目的就是要教育日本民众摒除心中怨怼、感激美国军队的存在；而对日本共产党来说，他们的目标就是要取得人民支持以彻底改造日本经济，进而主导农民与工人的政治主张，而非资产持有者及其政治同盟的政治决定权。这场攸关日本人内心与思想的争夺战主要通过粮食进行，同时也让美国小麦成为极有影响力的公共关系工具。

## 战后的市场回归

尽管日本在 1950 年 2 月 15 日之前实施《饮食营业紧急应变条例》，明文规定禁止大多数食物的贩售，不过"中华面"却随着美国小麦与猪油进口的增加而再度现身东京。某些餐厅在配给制度下合法

[1] Supreme Commander for the Allied Powers, Civil Information Section, March 16, 1948, National Diet Library U.S. Occupation Archives Microfilm (Tokyo).

经营，并在取得当地政府的许可下收取配给粮票并提供食物。然而，多数餐厅都是在非法的情况下营业，导致数以千计的"中华面"师傅在美军占领期间遭到逮捕。

1946 年的 6 月到 10 月，以及 1947 年的同一时期是汤面消费的高峰，主因在于日本稻米储量见底，因此美国小麦取而代之，成为提供人民生存所需的热量来源。当时有四间制粉工厂经常将面粉运给黑市摊贩，成为制作"中华面"或其他面食的材料。奥村彪生指出，摊贩兜售的"中华面"与饺子在战后立刻广受欢迎的原因在于，日本大众心中认定这些都是有助于恢复能量的食物：

> 许多从海外归国的人士开始在城市中经营小摊，贩售饺子与"支那面"（后来的"中华面"），大排长龙的情形四处可见。人们需要摄取更多营养的观念使得这些便宜又富含营养的料理大受欢迎。日本饺子之所以加了那么多蒜头，就是因为一般民众相信蒜头可以提供相当高的热量，这同时也符合人民在战后饥肠辘辘之下的需求。
>
> 当时"中华面"的汤并不是久经熬煮而成的汤头，也不像现在那么吸引人，不过是上面浮了一层油亮的脂肪，散发着鸡骨的浓郁香气，碱水的气味与纷至沓来的人潮，都让人有吃一碗便可补充能量的感觉。[1]

---

[1]　Okumura, *Shinka suru menshoku bunka,* 175.

奥村彪生认为中国料理在战后立即受到欢迎，是因为日本人民认为这些料理拥有补充能量的价值，而这个观点也代表当时美军与日本政府相关机构针对营养所进行的研究已经成功影响到大众，并将中国料理塑造成营养丰富又有饱腹感的食物。美国对来自小麦与动物的蛋白质的推广，也有助于强化民众对中国料理的肯定。简单来说，粮食匮乏的无助情况使得人民在饮食上追求饱足感与营养，而面条、饺子等面食制品就是美军占领期间的饮食重心。

奥村彪生进一步解释了为何这么多小型食品从业者舍弃其他事业而选择"中华面"：

> 1950 年，政府取消交换面粉的管制，进而造成面店的急速增加。这些店铺的准入门槛相对较低，而大型企业也开始出租摊位组合，包含面条、汤头、热水、配料以及碗筷，摊贩只要租了就可以推着推车并吹奏喇叭四处兜售汤面，多少都可以赚取一些营收。这些"中华面"都是由过剩的美国小麦制作而成。[1]

根据奥村彪生的描述，殖民统治地区归国的侨民正是"中华面"于美军占领期间再度出现的关键。许多从中国归国的侨民都通过经营小型摊位来贩售汤面，里村欣三所著的短篇故事中的第一章便是在描写这样的情景。经营摊位不需要花费太多成本，美国小麦与猪油又

---

[1]    Okumura, *Shinka suru menshoku bunka,* 176.

比稻米更容易获取，这些都是身无分文的归国侨民选择卖面的主要原因。日本归国侨民经历的重重困难，以及他们之中许多人选择经营摊位并以餐饮业为生的情况，都赋予拉面挣扎求生与坚忍不拔的光辉形象，而这般形象也成为战后饥荒时期历史记忆的组成部分。

除了日本归国侨民外，许多在东京与其他大城市黑市贩售"中华面"的从业者也有为地下帮派工作的韩国人与中国人。根据当时官方拘捕的非法从业者名单，绝大多数餐饮业者都不是日本姓名，其中又以"中华面"摊贩为最。举例来说，根据驻日美军记载于 1948 年 9 月 18 日的一份资料显示，当时拘捕的 191 位摊贩中，有 20 位罪名是贩售食物，其余 171 位则是因为贩售酒精，也就是私酿的酒粕烧酒。至于这 20 名遭到拘捕并被取缔生意的摊贩，其中 9 名是因为贩售"中华面"、2 名贩售馄饨汤、2 名贩售乌冬面、2 名贩售荞麦面、2 名贩售寿司，还有 3 名则是贩售"含米饭的料理"。而 9 名"中华面"摊主中，只有一位登记的是日本姓名。191 位被捕者中，有 30 位登记的并非日本姓名，而那些登记为日本姓名的人也包含在殖民统治期间被迫更换成日本姓名的中国人与韩国人。由此可知，多数黑市摊主可能都不是日本人。[1]

不论是拉面博物馆、日清食品公司还是像奥村彪生这样的料理作家，都只着墨于归国侨民对"中华面"兴起的贡献，却鲜少提及韩国

[1] Supreme Commander for the Allied Powers, General Headquarters, Government Section, "Report on Arrest of Violators of Emergency Measures Ordinance for Eating and Drinking Business," September 18, 1948, National Diet Library U.S. Occupation Archives Microfilm (Tokyo).

与中国劳动者在这道料理上的重大付出。因此，非日籍人士在战后为这道料理所做的贡献，也在这样的心态下被对日本归国侨民的关注所取代。以上那些拉面研究者们所建立的故事文本，不仅淡化了外籍人士早期在引介这道料理上的影响，也省略了去殖民化的紊乱议题与非日籍居民对于日本食物产业的贡献。他们专注于日本“战区”（刻意取代“殖民地”字眼）侨民经历的苦难与不屈不挠的精神，刻意忽视了非日籍人士的重要作用——尽管他们才是“中华面”在 20 世纪 40 年代得以再次出现的关键。

“中华面”频繁地出现在战后早期大众文化中的现象说明，美军的政策使得这道料理较其他料理更为普及，同时也强化了这道料理作为工人阶层、年轻人、都市人与男性的食物的象征意义。与此同时，这道料理的中国标签在这一时期快速淡化，这反映出在日本对战后世界的想象中，中国是隐形的，而这个现象无疑与当时日本和中国政府之间欠缺外交往来有关。当时大多数拉面店的经营者都是日本人，而这道料理也失去了原有的民族差异，这点与当时几乎所有的烧烤店都由韩国人经营形成了鲜明对比。

由于用美国小麦制作而成的“中华面”可以缓解饥荒，并激发有助于日本都市工业复苏的劳动力，所以这道料理经常有意无意地出现在大众文化作品之中。广播、电影与音乐是当时掌握都市社会脉搏的三大主要媒介，同时也是描绘“中华面”饮食文化的主要载体。艺术家与导演都借助这道料理来呈现日本战后早期的各色日常生活景象，像是令人绝望的粮食问题、新旧世代之间的饮食习惯差距，以及特定角色在性别与阶级之间的差异。

拉面普遍存在于流行文化中的一个例子，就是日本放送协会（NHK）播放了二十年的娱乐广播节目"解谜教室"，该节目经常借睿智的文字游戏针砭时事。"解谜教室"于 1949 年 1 月 4 日开播，而粮食短缺正是第一集的主题。节目以一首用日文音节撰写而成的"落书き"（*rakugaki*），来表达粮食短缺对一对年轻情侣所造成的影响：

> *Ramen bakkari*
>
> *kutteru de'eto.*
>
> *Gamaguchi sabishi'i*
>
> *kino kyo. Aibiki wabishi'i mono data.*

> 约会只能吃拉面，
>
> 空空的口袋，日复一日，
>
> 情何以堪的幽会。[1]

这段文字不仅表达出拉面店毫无情趣可言，同时也说明拉面是比其他料理更加普遍的美国进口小麦制品，亦传达了只能一再选择拉面的贫困生活。这首"打油诗"的意义在于表现拉面是便宜又平凡无奇

---

[1]　Aoki Kazuo, *"Tonchi Kyoshitsu" no jidai: rajio o kakonde Nihonju ga waratta* (Tokyo: Tenbosha 1999), 75.

的一道料理，正因为相当容易取得，所以主人公才会这样频繁地光顾拉面店，而他没有能力带约会对象去其他地方吃饭的事实，也反映出他内心的无奈。

“饥饿”是该节目第一季一再重复的主题。在这档热门广播节目的另一集中，主持人“青木教授”（本名青木一雄 [Aoki Kazuo]）朗读了一首由观众撰写的诗，而每一句的第一个字都要以指定词语的音节开始。1949 年初的某一集中，“青木教授”选了“田植歌”（*taue-uta*）这个词，一位观众立刻使用这个词的音节作了诗：“想吃好多玉子烧、淡水鳗、猪排与炸虾，通通免费（*Tamago yaki, unagi, katsuteki, ebifurai, unto takusan tada de tabetai*）。”[1] 该节目的文字内容也清楚证实，原本因为战败而趋于罕见的美食讨论重新在 20 世纪 40 年代末期成为相当普遍的娱乐消遣，并且经常出现在大众文化作品中。

拉面在战后初期再度出现在小津安二郎的电影《茶泡饭之味》（*Ochazuke no Aji*）中，该电影于美军占领的最后一年（1952 年）上映。故事以一位中年妇女为中心，她对于婚姻感到厌倦并想要去旅行，电影的副线支线则围绕这对夫妻的侄女山内节子展开，她拒绝这对夫妻的说媒，独自到都市里冒险，也因此在柏青哥店结识了一位名叫冈田登的年轻学生（他同时也是节子的叔叔的朋友）。男学生冈田登带着家境优渥的节子一起在城市里漫游，而电影的关键一幕中出现了一碗名为“拉面”的汤面，这是日本电影中首次使用这一称呼。

---

[1] Aoki Kazuo, *"Tonchi Kyoshitsu" no jidai: rajio o kakonde Nihonju ga waratta* (Tokyo: Tenbosha 1999), 73.

小津安二郎在《茶泡饭之味》中以拉面象征男女生活饮食习惯在社会经济上的分层与差异，而拉面已是第二次出现在他制作的电影中了。年轻学生带着富家女在市区游览并请她吃一碗拉面，对她来说竟是如此陌生，这也彰显了两个角色生活水平的差异。电影中出现了下面这段对话：

> 冈田登：很好吃，对吧？
>
> 山内节子：是的，很好吃。
>
> 冈田登：汤头才是拉面美味的重点。这样的料理不能只是好吃，还得要便宜才行。
>
> 山内节子：是这样吗？
>
> 冈田登：这里有很多便宜又好吃的地方。栅栏另一边有一家烤鸡肉串店，也很好吃。下次可以去。
>
> 山内节子：好啊，拜托带我去吧。[1]

男学生对于拉面与其他工人阶级食物的熟悉与富家女的不了解之间形成了对比，同时也呈现出这道料理在性别与阶级上的不同形象。既然这道料理的主顾多半是工人与学生，那么这位年轻女子在都市贫困地区的探险，就是一种对中产阶级女性行为约束的反叛，就像她很容易相信那位玩柏青哥的学生。

---

[1] *Ochazuke no aji*, director Ozu Yasujiro (Toei 1952).

拉面还出现在另一部战后初期的电影里，那就是导演成濑巳喜男（Naruse Mikio）于 1954 年推出的作品《晚菊》（Bangiku）。四位主角中的一位是单亲妈妈，她的独生女即将出嫁并随新婚丈夫搬走。电影的关键一幕中，女儿决定在离家前请母亲吃一顿饭，于是便带着母亲去一家中式餐馆。母亲相当感动，因为那是女儿第一次请她吃饭。当母女两人面对面静静地吃着"中华面"时，女儿对这道料理的满心期待与母亲的轻蔑形成对比，代表着不同世代间的鸿沟。[1] 这一幕清楚呈现出，在当时的日本社会，拉面在这样一位中产阶级的中年母亲心中仍是一道让人羞于启齿的料理。对母亲而言，享用一碗拉面就是对主流阶级礼教与性别规范的背叛。尽管对她的女儿来说，拉面是可以完美表达亲密的合理方式，但眼前这一碗拉面却不是孝敬她的适当形式。

"中华面"也是美空云雀（Misora Hibari）于 1953 年推出的热门歌曲《喇叭荞麦面店》的主题。美空云雀是日本战后叱咤歌坛的演歌歌姬，也是第一位以"中华面"为主题录制歌曲的艺人。这首歌将这道料理称作"喇叭荞麦面"，指代移动摊贩推着小车四处吹奏喇叭叫卖汤面的情景，而歌词中也描写到拉面在当时四处可见：

> 各位客官，来碗汤面吧？
>
> 喇叭女孩又来了，

---

[1] *Bangiku,* director Naruse Mikio (Toho 1954).

> 虽然娇小，不过我一样跑遍乡镇。
>
> 我是个有趣的面摊商人。
>
> 这位老先生喝了点酒，心情大好，
>
> 摇摇摆摆小心走路。
>
> 好的，再来一碗面，呼噜，呼噜，呼噜——
>
> 谢谢光临。久等了！
>
> 现在，东京到处可见熟悉的喇叭女孩，
>
> 新宿、浅草、上野、新桥。
>
> 我吹奏着喇叭，
>
> 我就是喇叭面店的卖面摊贩。[1]

　　这首歌词中描述的面摊景象，多多少少都与第一章讨论过的关于"支那面"摊贩的短篇故事不谋而合——微醺的客人、工人阶层居住区，以及喇叭，都是里村欣三短篇故事中的主要元素。这首歌尤其特别的地方在于，歌词描写的是一位到处叫卖汤面的年轻女子，而非中年男子，这也为歌词增添了跳脱传统、幽默又天马行空的气氛。就像成濑巳喜男与小津安二郎的电影所呈现的那样，"中华面"显然被视作一种充满男子气概的料理，而消费者多半是劳动者阶层与学生族群，因为它便宜又有饱腹感。而女性摊主的粗俗用语与作风，搭配她娇小的身材与外貌，呈现出一种社会关系上的自适应与东京劳动者文

---

[1] Okuyama Tadamasa, *Bunka menruigaku: ra-men hen* (Tokyo: Akashi shoten, 2003), 226–27.

化的不羁。这样贩售“中华面”的摊贩甚至比“二战”之前多上许多。

事实上，拉面在美军占领期间再度出现，凸显了日本劳动力在美国小麦进口政策之下的重整。进口物资中包括准备供应给重工业劳动者的补充粮食，结果却被赚取暴利的警察与小偷输送到地下交易中，最后又流到汤面摊贩的手里，为拉面再度兴盛提供了机会。在物资极为缺乏的时代，拉面却能够在黑市中普遍流通，这一情况赋予这道料理的民众生活层面的意义将在 20 世纪八九十年代浮现，彼时民众的关注点已转向为拉面在这段国家历史中的象征意义留下文字记录。

# 第三章

转型再出发

飞速发展的推动力

位于池田市速食拉面博物馆外，日清食品创办人安藤百福之铜像
© 速食拉面博物馆

拉面在日本经济高度成长时期（1955—1973）成为建筑工人与学生们的主要午餐，这些来自各地乡镇的年轻人也重塑了东京以及其他大城市的生活状态。不仅拉面的易获得性快速提升，并且对于许多在社会经济快速发展下力求温饱的人来说，它也成了一道可以负担的料理。这个时期出品的电影、短篇故事与杂志文章都证实了拉面在当时的普及程度，以及它是人们手头拮据时的消费首选。

　　随着日本家庭购买力的提升，以及年轻族群对重油的淀粉料理的热衷，拉面开始从露天黑市转入都市郊区或市中心的精致餐馆。1955年至1973年间，尽管日本家庭的食物开销比例下降了50%，[1]但是在拉面上的支出却增加了2.5倍。[2]一碗拉面的价格也从1954年的35日元上涨到1976年的250日元，主要原因在于需求的增长以及通货

---

[1]　Takafusa Nakamura, *The Postwar Japanese Economy: Its Development and Structure, 1937–1994* (Tokyo: University of Tokyo Press, 1995), 91.

[2]　Kawata Tsuyoshi, *Ramen no keizaigaku* (Tokyo: Kadokawa, 2001), 22.

膨胀的影响。[1] 相较之下，咖喱饭的价格在这段时期从每碗 100 日元
上涨至 300 日元，而炸猪排的价格则从 280 日元上涨至 650 日元。在
这一过程中，拉面从推车小摊上卖的糊口度日的廉价食物，跃身成为
餐厅中价格不菲的料理，甚至被列入政府针对国民健康与饮食研究的
调查项目之一。

反观大米、番薯与黄豆，这三者的需求均在此时期递减，而拉面
的销售量却因小麦与肉类消费的兴起而水涨船高。这种饮食习惯的变
化可归因于美国鼓励同盟国采购廉价的美国小麦，以及日本现代营养
科学对小麦、肉类与奶制品消费的鼓励。除此之外，战后婴儿潮也改
变了日本的人口概况，新一代都市年轻群体对于拉面料理的品位与财
力皆与之前不同。

从烹饪研究的角度来看，这段快速成长期也可以称作"速食年
代"——速食拉面在 1958 年首次登场，杯面则在 1971 年问世。日清
食品的鸡味拉面（*Chinkin ramen*）[2] 不论在食品加工技术、行销策略
与消费实践上，都是当时改天换地的核心角色，也成为第一款在日本
全国普及的速食。日清食品在销售鸡味拉面上的成就，与当时居住社
区（人口郊区化与大量的租房人口）以及贩售方式（超级市场）的变
化有着相当大的关系。日清公司与整体速食产业不仅改变了日本民众
与其为生之道的关系，同时也让民众加速通向更加便利且原子化的饮

---

[1]  Shukan Asahi, ed., *Nedan no Meiji, Taisho, Showa, Fuzoku shi, jokan* (Tokyo: Asahi Shinbunsha, 1987), 41.

[2]  "Chikin" 是英文 "chicken" 的日语罗马字母写法。

食之道。速食拉面在快速成长年代的发展故事也包含了前文提到的一些要素，如美国小麦消费飙涨（与米食摄取减少）、区域饮食习惯差异全面均质化，以及媒体广告在流行饮食上的影响。

## 面食兴起，米食没落

拉面的普及化是美国食物（小麦、肉类与奶制品）广泛且积极进入日本民众生活的象征。1960 年至 1975 年间，日本民众平均每日摄取 69.5 克至 78.8 克的蛋白质，而来自牛奶、蛋与肉类的蛋白质摄取量则增加了 7%—22%；[1] 同期的肉类摄取量则由每日 16 克增加到 64 克，小麦摄取量则从每日 60 克增加到 90 克。[2] 饮食历史学者小林和彦（Kobayashi Kazuhiko）与瓦克拉夫·史迈尔（Vaclav Smil）表示，经济成长与农耕及畜牧业产出变高，正是令人均可支配收入增加、饮食习惯改变的两大关键因素。[3]

日本政府显然也承受了来自美方农业官员的政治压力，因此才会让美国小麦倾销至日本。面粉制品的普及，绝大部分是因为美国将

---

[1] Japan External Trade Organization, *Changing Dietary Lifestyles in Japan: JETRO Marketing Series 17* (Tokyo: Japan External Trade Organization, 1978), 6.

[2] Japan External Trade Organization, *Changing Dietary Lifestyles in Japan: JETRO Marketing Series 17* (Tokyo: Japan External Trade Organization, 1978), 8.

[3] Vaclav Smil and Kobayashi Kazuhiko, *Japan's Dietary Transition and Its Impacts* (Cambridge, MA: MIT Press, 2012), 72–73.

俄勒冈州小麦出口至日本的努力，另外日本政府对日本家庭主妇卖力宣传美国营养科学研究成果亦功不可没。[1] 尽管日本于20世纪20年代在东京设立营养研究院，并强调西方料理与中国料理营养更丰富的理论，但这些料理却是于五六十年代在日本厚生劳动省的指导下才开始广为人知的。艾森豪威尔政府协助美国农业领袖们将小麦大量出口至日本，而日本领袖们相继通过日本官僚与营养专家，来鼓励大众消费小麦并迎合美国的出口利益。[2] 饮食史研究者铃木武雄（Suzuki Takeo）因此表示，日本的饮食习惯在美军占领后的二十年间转向小麦、肉类与奶制品，是来自华盛顿与东京的通盘计划，与口味变化无关，更不是什么偶然事件。

尽管美军在占领日本期间出口大量小麦作为弭平叛乱威胁的紧急手段，不过艾森豪威尔政府在占领结束之后，便决定将美国过剩的农产品倾销到日本及其他亚洲同盟国家，而且将此决定视作最优先的经济策略。美国政府之所以会强调小麦商业出口推广，主要原因在于加拿大与澳洲的小麦产量在1953年回稳，结果导致全球小麦价格大跌与美国政府小麦储量过剩。[3]

第二章曾经提到，小麦是美国冷战期间的重要外交战略工具。美

---

[1]　美国出口到日本的小麦最早来自俄勒冈州和华盛顿州。因为美国从太平洋沿岸各州征收的粮食数量只占机械化农业生产丰厚收益的一小部分，盈余的小麦会被倾销到日本及其他美国在亚洲的反共产主义同盟，所以海外市场常会对美国农业经济的发展提出批评。

[2]　Suzuki Takeo, *Amerika komugi senryaku to Nihonjin no shokuseikatsu* (Tokyo: Fujiwara shoten, 2003).

[3]　Suzuki Takeo, *Amerika komugi senryaku to Nihonjin no shokuseikatsu* (Tokyo: Fujiwara shoten, 2003) , 16.

国利用免费粮食（以及以粮食为形式的低利息贷款和延迟付款方式），
说服日本内阁总理大臣吉田茂（Yoshida Shigeru）所领导的政府勉强
接受其为协助日本重整军备的条件。1954年初的"池田—罗伯森对
话"（the Ikeda-Robertson talks）又再度巩固了这项政策，因为日本在
美方代表施压之下，答应投入军事力量协助捍卫美国在东亚地区的政
治与经济利益，进而大幅扩张、重整军队的士兵人数。对日本而言，
另一项刺激因素是，包含60万吨小麦的美国粮食救援价值高达5000
万美元。销售这份粮食所得的5000万美元，有4000万用于美国协助
重建日本经济与军力，另外1000万则是交给日本政府，用于重整、
发展国内农业。除了日本之外，意大利与南斯拉夫也分别收到来自美
国价值600万美元的粮食救援，巴基斯坦与土耳其则分别收到300万
美元等值的粮食救援。[1] 这些国家接受了来自美国的粮食救援，就意
味着它们与美国之间持续的友好关系（或是拒绝与苏联结盟，如南
斯拉夫），这便是当时美国外交政策的特点。

　　日本战后经济史学者柴田茂纪（Shibata Shigeki）发现，日本政府
仰赖美军粮食救援来重建其国防航空产业。柴田茂纪引用1954年的
《相互安全保障法协定》（*Japan-U.S. Mutual Security Act*，即《MSA
协定》），也就是"池田—罗伯森对话"修订的法条，并指出：

　　　　这项《相互安全保障法协定》为日本军备重建与美国农产品

---

[1]　Suzuki Takeo, *Amerika komugi senryaku to Nihonjin no shokuseikatsu* (Tokyo: Fujiwara
shoten, 2003) , 19–20.

处置计划之间建立起密切的关系。第 550 节规定，《相互安全保障
法协定》的受助方必须接受美国过剩的农产品，于本修订中加入
1953 年签订的《相互安全保障法协定》。美国因此要求日本在国
内销售美国过剩的农产品，并将收益用于国防工业建设，而这些
预算主要用于发展航空业的设备与科技。这种援助方式又被称作
"支援国防"的经济援助，也就是那些无法履行军事义务的国家与
美国签订军事协定后收到的援助形式。既然这些资金都是通过在
日本销售美国过剩农产品所得，那么《相互安全保障法协定》既
有利于美国农产品出口，也有助于日本航空业发展。[1]

美国小麦对于日本饮食习惯的转型有着相当深远的影响。日本于
20 世纪 50 年代末期进口的美国小麦在日本媒体中有着"MSA 小麦"
的称号，而厚生劳动省也为此扩编人力与预算，积极推广以面食为主
的饮食。铃木武雄指出，转型为以面食为主的饮食，需要的不仅是改
吃面食而已，真正需要改变的是对谷类主食的偏好。（举例来说，他
提到面食并不能配味噌汤吃，也不能配烤鱼或腌菜。）如此一来，随
着大规模美国进口小麦的出现，奶制品与肉类消费的增加，米食摄取
量的下降，就不应被视作完全不相干。

　　铃木武雄又说，当时美国的目标是要通过推广小麦为主食来改
变日本人的饮食习惯，因为这种改变也有助于开发其他食物的出口市

---

[1]　Shibata Shigeki, "U.S. Foreign Assistance to Japan (MSA) and the Japanese Aircraft Industry
after the Korean War (1950–53)," *Shakai keizai gaku* 67, no. 2 (2001): 169–90.

场，诸如肉类与奶粉。他引用美国《480 号公共法案》计划于 1954 年
发布的《农业贸易发展暨补助法案》（*U.S. Agricultural Trade Develop-
ment and Assistance Act of 1954*）作为依据，该法案明文规定美国出
口粮食援助友邦的四大重点：（一）这些国家在与美国协商后，可以
采用当地货币支付款项并延迟付款；（二）美国粮食销往他国所得的
部分，将作为援助该国发展经济之用；（三）针对粮食外销所得，美
国保有（部分）用于发展该国农产品市场推广的权利；（四）援助粮
食用于减缓营养不良问题以及学校午餐计划的部分将由美国主导。[1]
铃木武雄认为前两项虽然有助于粮食进口国的经济发展，但是第三、
四条又限制了当地农业发展的可能，并且试图改变人民的饮食偏好，
实则阻碍了粮食进口国的经济发展。

日本官员通过"池田—罗伯森对话"与美国交涉时，就已经发
现大规模进口美国小麦会给日本小农带来经济上的危害。为了解决这
个问题，日本政府决定将国内销售美国粮食所得的那 1000 万美元用
于发展国内农业。这笔经费多半用于爱知水道工程计划，该计划涵盖
总长 1242 公里的新建工程，从而将河水从木曾川引进西南浓尾平原
与知多半岛长年干旱的稻米耕地。讽刺的是，当这项水道工程计划于
1961 年竣工后，稻米消费量的降低（不敌以廉价面粉为原料的食物）
已使该区域的农产品不再像当初那样吸引人了。[2]

---

[1]　Suzuki, *Amerika komugi senryaku to Nihonjin no shokuseikatsu*, 22–23. Also see www.fas.
usda.gov/excredits/FoodAid/pl480/pl480brief.html.

[2]　Suzuki, *Amerika komugi senryaku to Nihonjin no shokuseikatsu*, 36.

　　美国小麦生产者曾派遣贸易代表到日本继续开拓市场，并说服日本厚生劳动省的官员借由流动"厨房车"的公开烹饪研讨会，向日本家庭主妇推广美国粮食产品。厚生劳动省的官员负责聘请像荻原八重子（Ogihara Yaeko）这样的营养专家进行宣传，她与她的学生们驾驶着厨房车示范以"MSA 小麦"为材料的料理，以西式与中式为主。而美国政府则会从出口日本的小麦所得中拨款赞助这些活动。[1]

　　当时日本饮食生活协会的副会长赤谷满子（Sekiya Mako）表示，美国方面提供了相当充裕的推广经费，其中包含十二辆车、瓦斯、食材与相关人员的所有费用。关于经费的问题，赤谷满子在受访时表示："我们并没有刻意想要掩盖美国赞助厨房车的事情。不过，要怎么说才好呢？美国赞助似乎是一个禁忌话题。"[2] 此外，根据铃木武雄与日本战后最知名的营养学家东畑朝子（Tohata Asako）的访谈资料显示，美国慷慨赞助的行为是"大家都不想公开的事情"。[3] 毕竟是因为美国政府资助日本营养学者以科学研究为基础推广美国出口的农产品，最后才造成了日本国内农业的萧条。

　　20 世纪 50 年代中期至末期，日本顶尖的营养学者极力宣传面食的好处，即使不把它当作稻米的替代品，面食在营养与便利性上也相当有优势。多数专家都以自己的学术权威为西方"面食消费文化"的饮食习惯仗义背书，有些营养权威学者还提出米食的缺点，并且表示

---

[1]　Suzuki, *Amerika komugi senryaku to Nihonjin no shokuseikatsu*, 52.

[2]　Suzuki, *Amerika komugi senryaku to Nihonjin no shokuseikatsu*, 56.

[3]　Suzuki, *Amerika komugi senryaku to Nihonjin no shokuseikatsu*, 99.

亚洲工业产出不如西方国家就要归咎于这样的饮食习惯。这类学者的
代表之一是大矶敏雄（Oiso Toshio，1953—1963 年任厚生劳动省荣养
课课长）。大矶敏雄之前十年一直为美国占领当局工作，后于 1959 年
出版《营养随想》（*An Essay on Nutrition*），并在书中指出以小麦为
基础的粮食产品正是欧洲"理性"与"进步"发展的主因。

米食民族与面食民族的性格在本质上就有所不同，前者认为
人类因为存在所以要进食，后者则相信人类因为进食而存在。他
们吃的食物造就了这样不同的结果，前者消极且认命，后者则是
积极进取……（由于米饭美味且令人满足，）吃米的人很容易随
波逐流，失去积极进取的意志……（吃面食的人）则因为面食本
身不怎么好吃，所以才会想要追求自己没有的，激励他们积极进
取，并提供他们进步的动机，结果导致他们去追求其他类型的食
物……将小麦转变成面粉的需求，接着再与肉类、乳制品等其他
食材结合，结果推陈出新造就了现在的面食文化……以米食为主
的安逸的饮食生活方式，自然让人们脱离理性、思考与发明的企
图心。科学实验与进步无法在这样的条件下发展前行。[1]

当时负责规划日本民众饮食方针的大矶敏雄便通过这样的方式，
公开发表严正声明，强调相较于那些面食消费民族，米食消费民族欠

---

[1]    Quoted in Suzuki, *Amerika komugi senryaku to Nihonjin no shokuseikatsu,* 64–65.

缺生产力是不争的历史事实。于是，大矶敏雄与其属下便在 20 世纪 50 年代末期至 70 年代初期为大规模美国进口粮食的推广，建造了一条以知识为基础的康庄大道。

无独有偶，庆应义塾大学的医学教授木木高太郎（Hayashi Takashi）于 1958 年出版了《头脑》（*The Brain*）一书。书中指出，过量的米食会阻碍大脑发展。他表示："只喂孩子吃白米饭的父母注定要让孩子一辈子当傻瓜……人只要一吃米饭，头脑就开始迟缓。我们比较日本人与西方人的不同，前者的心智水平表现比后者低 20%，这也是鲜少有日本人获得诺贝尔奖的原因……日本应该要完全弃绝国内的稻米耕作，并全面以面食文化为目标。"[1] 木木高太郎的研究后来也成为国家面食制造协会的宣传基础，并将手册标题定为《吃米饭会变成傻瓜》，并吸引全国媒体的关注。[2]

美国小麦出口者成功地以半官方的形式在日本推广面食的优势，并开拓日本市场；美国出口到日本的小麦，也由 1956 年的 128 万吨增长到 1974 年的 324 万吨。[3] 美国农业部在 2009 年的报告中指出，"20 世纪 50 年代中期至 70 年代初期，美国小麦产业在日本市场的发展非常亮眼。通过创造性的市场开发，他们改变了日本消费者的味蕾，

---

[1]　Quoted in Suzuki, *Amerika komugi senryaku to Nihonjin no shokuseikatsu,* 76.

[2]　Suzuki, *Amerika komugi senryaku to Nihonjin no shokuseikatsu,* 77.

[3]　Michael Conlon, "The History of U.S. Exports of Wheats to Japan," U.S. Department of Agriculture, Foreign Agricultural Service, Global Agriculture Information Network, June 29, 2009, www.usdajapan.org/en/reports/History%20of%20US%20Exports%20Wheat%20to%20Japan.pdf.

并且将多样化的麦类制品引进日本。"[1] 越来越多日本人认为这些食物比较健康，而且也象征着社会与经济的进步，这些都是刺激改变的因素。不论是营养学者支持面食的研究，还是第二章开篇引用的日本经济产业大臣池田勇人于 1950 年的题词，都明显表示财力较差的日本人就适合吃小麦。经由华盛顿与东京决策者的共同努力，小麦的形象也开始突飞猛进地朝正面发展。

日本人民对美国食物的偏好，也意味着米食需求的下降。日本人平均每人每日的米食摄取量在 1925 年达到最高点 391 克，1946 年因为粮荒的关系降到 254 克，后来又在 1962 年达到战后新高 324 克。然而自 1962 年初，尽管人民可支配收入大幅度增长，国内稻米供应充足，但平均每人每日米食摄取量却开始急遽下滑。1978 年下降至 224 克，低于 1946 年的水准。[2]

由此可见，小麦在战后初期的工业复苏阶段扮演着补充米食的角色，但是当时民众心中仍然想要回到战前的饮食模式。然而，1962 年后的饮食消费模式又显示高经济成长阶段的饮食习惯是应偏好而改变的，不是被迫改变。尽管米食供给充足，却有越来越多的日本人选择消费更多麦类为主的食物。随着日本家庭的可支配所得不断增加，他们的饮食选择也与营养学者的推广、美国出口产品趋于一致，显示

---

[1]　Michael Conlon, "The History of U.S. Exports of Wheats to Japan," U.S. Department of Agriculture, Foreign Agricultural Service, Global Agriculture Information Network, June 29, 2009.

[2]　Miyazaki Motoyoshi, "Nihonjin no shokukosei to eiyo," in *Nihongata shokuseikatsu: kenko to atarashii shokubunka no shinpojiumu,* ed. Kondo Toshiko (Tokyo: Kodansha, 1982), 35.

出战后日本官方政策与美国主导的贸易策略在日本饮食习惯上的长足影响。

对当时执政党的自由民主党而言，来自乡间的选票才是他们的主要票仓，因此面对稻米消费的骤减，执政党也在 20 世纪 60 年代末起积极推广米食，其中就包括日本农林水产省鼓励大型食品公司用大米开发更多大众消费品。日清食品公司迅速响应，于 1967 年推出日清午餐速食饭，只是这条产品线很快就被裁撤了，而且还被视为该公司发展史上的少数败笔之一。

1976 年，日本政府开始指导各地区市政府以米食为主来推广学校午餐。[1] 日本政府在 20 世纪 60 年代不顾小麦而为米饭开拓学校午餐与速食工厂的市场显示，这两条途径在当时仍是日本消化美国过剩小麦的重要方式。然而，尽管政府在政策上做出了许多努力，日本 20 世纪六七十年代的每日人均米食消费量仍在不停地下滑。

**表一 日本小麦消耗量**

| 年度 | 产量/千吨 | 进口/千吨 | 出口/千吨 | 消耗/千吨 | 年均消耗量/千克 | 日均消耗量/克 | 日均消耗量/卡路里 |
|---|---|---|---|---|---|---|---|
| 1960 | 1531 | 2660 | 47 | 3965 | 25.8 | 70.6 | 250.5 |
| 1961 | 1781 | 2660 | 71 | 4190 | 25.8 | 70.8 | 250.7 |
| 1962 | 1631 | 2490 | 93 | 4272 | 26.0 | 71.2 | 252.0 |
| 1963 | 716 | 3412 | 73 | 4290 | 26.9 | 73.5 | 261.0 |
| 1964 | 1244 | 3471 | 68 | 4505 | 28.1 | 77.0 | 273.3 |

[1] Emiko Ohnuki-Tierney, *Rice as Self: Japanese Identities through Time* (Princeton, NJ: Princeton University Press, 1993), 16–17.

续表

| 年度 | 产量/千吨 | 进口/千吨 | 出口/千吨 | 消耗/千吨 | 年均消耗量/千克 | 日均消耗量/克 | 日均消耗量/卡路里 |
|------|-----------|-----------|-----------|-----------|------------------|----------------|----------------------|
| 1965 | 1287 | 3532 | 88 | 4631 | 29.0 | 79.4 | 292.3 |
| 1966 | 1024 | 4103 | 114 | 4983 | 31.3 | 85.7 | 315.5 |
| 1967 | 997 | 4238 | 81 | 5106 | 31.6 | 86.2 | 317.3 |
| 1968 | 1012 | 3996 | 47 | 5092 | 31.3 | 85.8 | 315.6 |
| 1969 | 758 | 4537 | 79 | 5245 | 31.3 | 85.7 | 315.5 |
| 1970 | 474 | 4621 | 87 | 5207 | 30.8 | 84.3 | 310.3 |
| 1971 | 440 | 4726 | 55 | 5206 | 30.9 | 84.5 | 311.0 |
| 1972 | 284 | 5317 | 56 | 5372 | 30.8 | 84.4 | 310.6 |
| 1973 | 202 | 5369 | 38 | 5498 | 30.9 | 84.5 | 311.0 |
| 1974 | 232 | 5485 | 26 | 5517 | 31.1 | 85.2 | 313.6 |
| 1975 | 241 | 5715 | 34 | 5578 | 31.5 | 86.1 | 316.8 |
| 1976 | 222 | 5545 | 44 | 5660 | 31.7 | 87.0 | 320.0 |
| 1977 | 236 | 5662 | 4 | 5761 | 31.8 | 87.1 | 320.7 |
| 1978 | 367 | 5679 | 2 | 5861 | 31.7 | 86.8 | 319.6 |
| 1979 | 541 | 5544 | 4 | 6020 | 31.9 | 87.1 | 320.6 |
| 1980 | 583 | 5564 | 5 | 6054 | 32.2 | 88.3 | 325.0 |
| 1981 | 587 | 5504 | 11 | 6034 | 31.8 | 87.1 | 320.7 |
| 1982 | 742 | 5432 | 10 | 6035 | 31.8 | 87.2 | 320.9 |
| 1983 | 695 | 5544 | 0 | 6059 | 31.7 | 86.7 | 319.2 |
| 1984 | 741 | 5553 | 0 | 6164 | 31.8 | 87.0 | 320.3 |
| 1985 | 874 | 5194 | 0 | 6101 | 31.7 | 86.9 | 319.7 |
| 1986 | 876 | 5200 | 0 | 6054 | 31.6 | 86.5 | 318.1 |
| 1987 | 864 | 5133 | 0 | 6069 | 31.5 | 86.1 | 316.8 |
| 1988 | 1021 | 5290 | 0 | 6140 | 31.6 | 86.4 | 318.1 |

续表

| 年度 | 产量/<br>千吨 | 进口/<br>千吨 | 出口/<br>千吨 | 消耗/<br>千吨 | 年均消耗<br>量/千克 | 日均消耗<br>量/克 | 日均消耗量<br>/卡路里 |
|---|---|---|---|---|---|---|---|
| 1989 | 985 | 5182 | 0 | 6204 | 31.7 | 86.7 | 319.2 |
| 1990 | 952 | 5307 | 0 | 6270 | 31.7 | 86.9 | 319.9 |
| 1991 | 759 | 5413 | 0 | 6340 | 31.7 | 86.7 | 318.9 |
| 1992 | 759 | 5650 | 0 | 6274 | 31.6 | 86.6 | 318.6 |
| 1993 | 638 | 5607 | 0 | 6344 | 32.1 | 88.1 | 324.1 |
| 1994 | 565 | 6044 | 0 | 6415 | 33.0 | 90.5 | 333.1 |
| 1995 | 444 | 5750 | 0 | 6355 | 32.8 | 89.6 | 329.7 |
| 1996 | 478 | 5907 | 0 | 6401 | 33.0 | 90.5 | 332.9 |
| 1997 | 573 | 5993 | 0 | 6290 | 32.4 | 88.9 | 327.1 |
| 1998 | 570 | 5674 | 0 | 6224 | 32.2 | 88.1 | 324.3 |
| 1999 | 583 | 5613 | 0 | 6282 | 32.4 | 88.4 | 325.4 |
| 2000 | 688 | 5688 | 0 | 6311 | 32.6 | 89.2 | 328.3 |
| 2001 | 700 | 5624 | 0 | 6227 | 32.1 | 87.9 | 323.4 |
| 2002 | 829 | 4973 | 0 | 6203 | 31.9 | 87.3 | 321.3 |
| 2003 | 856 | 5539 | 0 | 6316 | 32.6 | 89.1 | 328.1 |
| 2004 | 860 | 5484 | 0 | 6266 | 32.3 | 88.5 | 325.6 |
| 2005 | 875 | 5292 | 0 | 6213 | 31.7 | 86.9 | 319.9 |
| 2006 | 837 | 5464 | 0 | 6228 | 31.8 | 87.1 | 320.4 |
| 2007 | 910 | 5386 | 0 | 6348 | 32.3 | 88.2 | 324.5 |
| 2008 | 881 | 5186 | 0 | 6086 | 31.1 | 85.2 | 313.7 |
| 2009 | 674 | 5354 | 0 | 6258 | 31.8 | 87.2 | 321.0 |
| 2010 | 571 | 5473 | 0 | 6384 | 32.7 | 89.5 | 329.5 |
| 2011 | 746 | 6480 | 0 | 6701 | 32.8 | 89.6 | 329.6 |

资料来源：日本农林水产省

## 为劳动力供能

随着价格便宜的小麦持续大量出口到日本，拉面及其他面粉制品（例如面包与蛋糕）也遍布于日本各地乡镇的家庭名产店。中式餐厅与日本大众食堂（*taishu shokudo*）就在这样的背景下成为取得便宜热食的好去处，任何人在市区活动时都可以随意造访。中式餐厅也像其他社区内的小饭馆以及供应丰富面粉制品的店家——乌冬面店、蛋糕店、日式烘焙坊（主要贩售炒面面包、菠菜面包与双倍量面粉）——一样，取得了一席之地。中式餐厅最受劳动者欢迎的餐点就是热量充沛的"拉面配饭"，也就是额外提供米饭的拉面套餐，还有A套餐（拉面配猪肉煎饺）与B套餐（拉面配猪肉炒饭）。此外，炒面、中式冷面与中华丼（蔬菜炒肉盖饭）都是相当热门的中式料理选择。店家在午餐时段供应这些料理时通常都会附上特大碗的白米饭，让像是建筑业之类的重体力劳动者可以补充足够热量。

都市的建筑工人对于拉面饭与B套餐这样高热量的食物也同时出现了高度需求。1959年，日本宣布成为1964年奥运会主办国，东京与周边地区的公共建设计划就此萌芽，都市地区也开始在20世纪60年代大兴土木，扩大建设。除了东京奥运会的主要设施（包括日本武道馆），其他像是连接东京、大阪与名古屋的新干线网络，东京地铁日比谷线，连接羽田机场到市中心地铁山手线的东京单轨电车（当时世界最长的单轨电车），以及总长 31.7 公里的五条市内高速道路，全部都要赶在 1964 年东京奥运会开幕前竣工。[1] 这些建设计划与其他像是改善污水处理与水利设施的建案，都使得建筑业的劳动力需求大增。许多符合条件的劳动力都是离家到外地短期打工的人，也就是所谓的"农民工"（*dekasegi*）[2]。这些人通常在休耕时期（10 月到次年 4 月）外出，从事非农耕性的劳动。参与日本都市建设计划的农民工多半只有二三十岁，每年利用休耕的六个月离家打工。[3]

1971 年至 1973 年间，一部名叫《俺是男人》（*Otoko Oidon*）的漫画在日本家喻户晓，故事内容就是描述拉面与年轻乡下工人之间的关系。漫画家松本零士（Matsumoto Reiji）[4] 这部作品的主角是一位自称"Oidon"的年轻人 [5]，他白天在工厂上班，晚上就读成人学校。他在搬到东京不久之后就失业了，因此也没有办法负担夜校的学费，只能靠零星的打工机会与当地拉面店老板的救济度日。他最喜欢的料理就是拉面配饭，只要身上攒了点钱，他就会到中式餐厅享用这道佳肴；没有钱时，一对经营中式餐厅的夫妇就会让他洗碗换取食物，好

---

[1]　Andre Sorensen, *The Making of Urban Japan: Cities and Planning from Edo to the Twenty-First Century* (New York: Psychology Press, 2004), 191–93.

[2]　这一词汇也作"迁徙工人"，常用于形容日籍巴西人，他们来到日本工作并希望之后能返回巴西，但最后很多人都留在了日本，并形成了自己的社群。Takeyuki Tsuda, *Strangers in the Ethnic Homeland: Japanese-Brazilian Return Migration in Transnational Perspective* (New York: Columbia University Press, 2003).

[3]　关于地区间的季节性移民的历史，参阅 Kenji K. Oshiro, "Postwar Seasonal Migration from Rural Japan," *Geographical Review* 74, no. 2 (April 1984): 145–56。

[4]　日本著名漫画家，代表作品《银河铁道 999》。

[5]　主角名为大山升太（Ooyama Nobotta），"Oidon"在方言中有"我"的意思。——译者

让他在身无分文时也能图个温饱。[1] 松本零士所描绘的拉面店是乡下年轻人在穷困潦倒时还能获得营养与关爱的地方，而这位年轻人在大城市中走投无路的样子，也不禁令人想起日本导演小津安二郎 1936 年电影《独生子》的剧情。

这些从乡间进入都市并寻找工作机会的年轻男子，也让那些在美军占领期间经营有术的摊贩，借着便宜食物升级成为专售拉面的小型中餐馆。举例来说，札幌拉面店的先驱"龙凤面店"（Ryuho）最早也是从黑市摊位起家的（遗憾的是，这家店在营业将近六十年后，于 2011 年关闭）。其他由小摊起家的知名拉面店，还有东京荻洼车站附近的"春木屋"（Harugiya，专门制作东京拉面或荻洼拉面），以及和歌山县的"井出商店"（Ide Shoten，该店是和歌山拉面于 1998 年知名度大增的最大功臣）。[2] 除此之外，东京地区知名的"希望轩"（Hope-ken）的豚骨汤汁在 20 世纪 80 年代早期也非常受欢迎，这家店 1934 年诞生时也只是东京锦系町一家名为"贫乏轩"（Binboken）的小摊位。换句话说，拉面从黑市转而进入都市商区，也有助于刺激公共设施与城市规划的发展，它不仅提供重工业劳动力平日所需的热量，同时也是这些劳动者消费廉价美国小麦的渠道。

上百万的年轻工人从乡下迁入东京、大阪与名古屋这样的大城市，居住在几乎没有厨具设备的寄宿房舍中，因此他们只能固定去吃拉面，这是生活所需，别无他法。随着当地中式餐馆、日本大众食堂

[1] Hayamizu Kenro, *Ramen to aikoku* (Tokyo: Kodansha Gendai Shinsho, 2011), 116.

[2] Hayamizu Kenro, *Ramen to aikoku* (Tokyo: Kodansha Gendai Shinsho, 2011), 108.

的拉面及其他料理成为都市年轻男性耳熟能详的食物后，这样的画面也在电视节目与电影中成为蓝领饮食文化的象征。

出现在大众文化中的拉面，总是意味着都市生活的纯朴面向以及消费之人的贫困，多多少少还是摆脱不掉战前的原有形象。拉面在这个时期依然有着较为负面的形象，在年轻工人的眼中仍旧是贫穷、挣扎与失望的象征。尽管饮食生活随着经济成长而逐步改善，各个薪资阶级的食物选择都趋向一致，但拉面仍然是日本大众文化之中说明蓝领与白领阶级悬殊的一道料理。举例来说，日本导演小津安二郎就偏好以食物，尤其是拉面，作为凸显阶级与世代差异的工具，这部分之前在第一章（1936 年电影《独生子》）与第二章（1952 年电影《茶泡饭之味》）中都曾经提过。

第三次在小津安二郎的电影中登场，拉面店仍旧是谦卑与经济困顿的有力象征。1962 年，电影《秋刀鱼之味》（后在美国上映时改名为《秋日的午后》）上映，故事以一位拉面店经营者的内心挣扎为主线。笠智众（Ryu Chishu）扮演的中产阶级上班族在电影开始没多久参加了一场中学同学会，并在那里遇到了中学时的老师。老师喝了太多清酒后感到不适，其中两位学生只好一起送他回家。当他们抵达老师家时才发现，退休的老师竟与女儿在工人出没的地区经营着一间破旧的拉面店。这些学生在另一次聚会中都表示对老师的处境感到不忍，最后决定自掏腰包凑些钱给老师。[1]

---

[1]　*Sanma no Aji* (An Autumn Afternoon), director Ozu Yasujiro (Shochiku 1962).

　　小津安二郎将拉面店设定为表现社会经济停滞的场域，借此凸显小型拉面店主所经历的财务不安与顾客们的贫困处境。经营拉面店被塑造成人民捉襟见肘时别无他法的求生方式，这样的形象与第一章所提到的 1933 年里村欣三的短篇故事《“支那面”店开业记》如出一辙。短篇故事中的场景以经营小型拉面店的困苦环境为主轴，而小津安二郎虽然以国家成长与中产阶级消费作为故事主线，不过仍旧以拉面作为传达日本经济资源与生活状态差异的工具。拉面店所隐含的困顿意识，延续着这道料理在战前与美军占领期间的形象，那正是这道料理在 20 世纪 80 年代崛起之后所引发的思古之幽情。

　　拉面也依旧是夜生活中的重要角色，男性上班族总会在下班时喝酒并来一碗拉面，作为当晚的“谢幕仪式”。许多艺术创作者会通过拉面来展现男性上班族对这样一成不变又节约的夜间娱乐的不满。这些吃吃喝喝的活动不仅是忠心职员在事业成就上的一种奖励，也让他们有机会在职场政治中取得一席之地。

　　一个例子是日本早期喜剧与综艺团体“Crazy Cats”于 1962 年发表的歌曲《男人的生存之道》，这首歌的歌词借用拉面表达了男性上班族对于下班后夜生活的不满与疏离：

> 薪水袋终于拿在手里了，
> 我要喝酒、享乐、吃拉面。
> 要是每天都是这模样，
> 那真的悲哀又可怜。

　　　　不用抱怨，也不用啜泣，

　　　　这就是男人要走的路。

　　　　啊，悲哀啊。[1]


　　这段歌词完全表达出男性上班族乏善可陈的生活样貌，就连夜间享乐也是一种职场竞争的延续。日本中产阶级上班族在这段时期渐渐形成的疏离感与对生活的不满，都可以由这首歌略知一二。

　　针对工薪一族[2]生活状态而发表的社会批判也只有在经济快速成长的情况下才会持续增温。20世纪70年代初期，大众媒体也开始关注"脱离工薪族"这个现象，即越来越多事业有成的白领辞去工作，下乡从事农耕或经营像是拉面摊这样的小本生意。一向以上班族为主要受众的新闻杂志《产经周报》（*Shukan Sankei*）就开设专栏"脱薪族报道"，一周一篇，内容是报道那些成功脱离工薪生活的真实人物。某篇刊载于1976年的报道，便以一位成功在鹿儿岛市经营小型拉面店的脱薪族为主人公，介绍其每月收入高达150万日元的脱薪生活。对于当初决定告别事业有成的金融职业生涯，这位脱薪族老板本山兼一（Motoyama Kenichi）做出以下解释：

---

[1]　Kawata Tsuyoshi, *Ramen no keizaigaku* (Tokyo: Kadokawa, 2001), 10.

[2]　"工薪族"（*sarari'i man*）借用自英文领薪水的人，在日本专门指代受雇于大公司的办公室男性白领。城市工薪一族的一般形象常见于电视节目或电影（小津安二郎的作品是最佳例证），是媒体主导的中产阶级生活范式在战后日本的有力加固。

　　我当时（在公司）的职位已经可以随心所欲地做事情了，只
是身为中小型企业的中层主管总是感到有些不踏实，那真的不太
符合我的个性。即使其他人觉得我不够沉稳也没办法，我总是觉
得人要为自己而活，每次想到这里时就觉得很痛苦……

　　我从三年前开始经营这家拉面店，这的确是社会底层的人才
会做的工作，但是对我的精神层面却有着完全不同的意义，因为
我可以借此获得人类生活的价值。[1]


　　全球知名的拉面连锁店"天下一品"（Tenka Ippin），正是木村勉
（Kimura Tsutomu）在1971年选择成为脱薪族的创业成果。木村勉也
是从经营拉面摊起家的，接着他在京都拥有了一间小型店铺，最后才
从日本拓展到夏威夷与世界各地。[2] 其他在20世纪70年代开启拉面
事业的脱薪族都会选择加盟像札幌拉面"多膳客"（Dosanko）等知
名品牌经营分店，正因如此，"多膳客"从1967年的单间店面成长到
1977年破千家分店。[3]

　　在这样的前提下，一直到经济高度成长时代的末尾，拉面生产都
被视作上班族在大企业压抑环境下潜在的避风港。现代摊贩与小型拉
面店的经营者曾经都是那些需要高度自由、自我掌控力和驱动力较强
的上班族，而他们在工作时也都带着顽强且独立的态度，因此越来越

---

[1]　"Datsusara repoto," *Shukan Sankei*, January 22, 1976, 97.

[2]　Hayamizu, *Ramen to aikoku*, 163.

[3]　Hayamizu, *Ramen to aikoku*, 163.

多人将这种特质诠释为对东京与其他日本城市超理性化、重度企业化环境的叛逆。小规模生产者充满创意的浪漫化发展，也顺应了 20 世纪 80 年代与日俱增的合理化及原子化潮流。因此，大众对拉面的态度转换与拉面的大量生产，才会随着经济快速成长而出现。

简而言之，以拉面为午餐的消费模式在 20 世纪 50 年代晚期至 70 年代中期，已经在建筑工人与住在城市的其他年轻单身汉之间蔚然成风。政府也开始搜集拉面消费的资料并研究家庭食物开支，以作为衡量工人生活水准的依据。拉面随手可得的现象也显示出那些大量移入城市的单身汉在饮食上有机会选择价格实惠的餐厅，而他们正是国家快速成长的原动力。此外，拉面亦是夜生活产业的要角，因为企业上班族会借由下班与同事小酌并吃上一碗拉面来作为一种减压方式。

因此，拉面代表着高速成长的日本在产业合理化与商品经济之下所面临的挫折与停滞，而小规模拉面生产则在这一时期披上了经济自由的色彩，并且持续到这一时期结束。同时，即使它还称不上是脱薪生活的一种生活状态，却有越来越多的白领阶层张开双臂欢迎它。如此一来，拉面生产就成了一种解脱的新方式，也是对日本大企业对员工严格管制的一种批判。


## 免烹煮饮食


除了拉面，速食拉面也在日本经济高度成长期大众消费与饮食习惯的急遽变化中扮演着要角。当中式餐厅发展成为日本都市上班族膳食不可或缺的一部分时，速食拉面也成为日本战后科技发展的指标性象征。有别于拉面，速食拉面是一种可以保存、充满添加物、经过油炸的高技术食品。它的贩售渠道是超级市场，借助百货公司的推广，还在电视上打广告，是充满新意与进步的象征。

时间回到 20 世纪 60 年代，当人们提到标准中产阶级生活时，多半会想到当时日本、美国、澳大利亚与多数西欧国家在特定家用商品上的普遍消费（包含速食与冷冻食品）。[1] 消费品类明显的趋同性主要是由于各国劳动者家庭购买力的提高。消费主义主要影响着那些居住在新建房舍的核心家庭，并体现为超市消费在大城市与郊区发展中越来越趋向均质化的食物选择。中村隆英认为："收入分配的均等化，让 95% 的民众认为自己属于中产阶级，而当消费模式突然转而西化时，他们便发展出当代日本的生活状态——民众吃面食与肉类，购买家电用品，拥有汽车，享受悠闲时光，想要尝试旅游，并对时尚产生明确意识。"[2]

关于日本战后饮食"西化"的相关论述，往往忽视日本面粉与肉类食品也经常以拉面或饺子这样的"中式料理"形态出现，又或者像炒面与御好烧这些非传统的日本料理。尽管面包与牛排不难取得，但面条与水饺反而更常见。因此，针对日本战后"西化"的更佳解读，

---

[1]　关于美国的这一潮流，参阅 Lizabeth Cohen, *A Consumers' Republic: The Politics of Mass Consumption in Postwar America* (New York: Vintage, 2003)。

[2]　Nakamura, *The Postwar Japanese Economy*, 121.

应该是指在合理化的中产阶级生活中，既现代又可修正的标准化实践，像是星期六上完半天课后吃一碗速食拉面，而不是指全心全意接纳理想的美国文化。

在拉面店喂饱了那些负责建造房屋与修筑道路的工人的同时，速食拉面也成为市郊中产阶级家庭生活中的便利食品。尽管很多艺术工作者还将拉面视作工人阶级单身汉的主食，但是，于 1958 年问世的速食拉面却顺利与中产阶级的儿童建立了联系。频繁的电视广告、便利食物的普及，以及市郊渐渐增加的超市据点，都是速食拉面成功的要素。

随着罢工与停工在 20 世纪 50 年代为经济成长带来严重的威胁，60 年代的大众消费主义便成了掩饰阶级区隔的高效手法。大型企业的劳动力需求及越来越多的工人示威活动导致三井煤矿劳动组合于 1960 年宣布无限期罢工，最后迫使企业主配合较不激进的工会组织，改善劳动者与管理人员之间的关系。1960 年上任的总理大臣池田勇人成功转移了前任总理大臣留下的修宪争端与美日安保议题，进而采行更温和的方式发展全国经济与国民所得倍增计划，而后者也于 1967 年顺利达标。抗议与停工活动因为这些政策而减少，为业主营利与劳动者拥有稳定收入提供了更加和谐的环境基础，其中包含提高劳动者安全保障、减少制度层级，以及投入更多力量完善管理决策。[1]

---

[1]　Makoto Kumazawa, *Portraits of the Japanese Workplace: Labor Movements, Workers, and Managers*, ed. Andrew Gordon, trans. Andrew Gordon and Mikiso Hane (New York: Westview Press, 1996), 125–58.

民众能够负担得起购买香蕉[1]、明虾[2]等这些在过去被视为奢侈品的食材，可以购得像电饭锅这样的新型厨房电器，并且拥有了更多外食的机会，这些都是多数家庭的生活条件得到改善的体现。多数家庭在这样的情况下，勇敢思考生活状态的改善方式，而且是借由消费习惯来改善，而非通过直接控制或分配再生产。对于所有上班族而言，食物是提醒他们直接受惠于国家经济快速成长的强力手段。电子消费产品简化了家事与烹饪的准备流程，诸如电饭锅、冰箱、瓦斯炉、烤箱、洗衣机与吸尘器，因此一般民众也多出了闲暇时间，可以从事过去只有精英分子能享受的活动，像是花艺、茶道、书法、下馆子与烹饪课，并且这些活动开始拓展到日本其他收入较低的阶层之中。美国人类学者玛丽莲·艾维（Marilyn Ivy）的研究指出："电器用品的出现，使得一般家庭的形象与主妇该处理的家事渐趋标准化。这些家用电器不仅成为中产阶级的标志，它们在日本团地（*danchi*，即标准化的住房兴建规划）中的出现与布局，也让日本家居空间趋向均质化。"[3]厨房电器用品的出现，也让速食与冷冻食品在储存或准备上实现了前所未有的规模，特别是在日本，速食拉面、咖喱块、即溶咖啡与冷冻食品等，从经济高速成长时期起就为饮食习惯带来结构性的

---

[1]  Tsurumi Yoshiyuki, *Banana to Nihonjin* (Tokyo: Iwanami Shinsho, 1982).

[2]  日本人民饮食的改善，是以其他国家的大规模环境退化和劳动力剥削为代价的，如冷战期间其周边同样身处美国保护伞下的印度尼西亚和菲律宾。Murai Yoshinori, *Ebi to Nihonjin* (Tokyo: Jiji Tsushinsha, 1982).

[3]  Marilyn Ivy, "Formations of Mass Culture," in *Postwar Japan as History*, ed. Andrew Gordon (Berkeley: University of California Press, 1993), 249.

改变。

举例来说，1965 年到 1976 年间，速食拉面的消费量就从每年 25 亿份成长到 45.5 亿份；而速食咖喱的消费，也从每年 3.28 万吨跃升到 7 万吨；即溶咖啡则从每年 5000 吨成长到 2.1 万吨。[1] 每种食品都伴随着特定家用厨房设备使用的扩张，像电冰箱与冷冻库（1976 年有 97.9% 的人口持有该产品）、瓦斯热水器（81.3%）、电饭锅（68.7%）与烤箱（47.7%）。[2] 如此一来，速食与冷冻食品快速整合，进入民众的饮食生活之中，旧有的烹饪知识因为过时而被弃绝，不同世代的日本民众在饮食习惯上的变化愈发明显。

1958 年，速食拉面以日本科学进步的创新食品之姿问世，被日清食品创办人安藤百福称为"时代的产物"。此外，安藤百福也是速食拉面与速食杯面的发明者。[3] 他曾经描写自己在美军占领期间，眼见各个年龄阶层的人在"中华面"摊位前大排长龙，这个景象激发了他对研发速食拉面的兴趣。[4] 美日两国齐力改变日本饮食习惯的努力，也成就了他在营销速食拉面上的丰功伟业。

速食拉面能在日本及全球各地普及开来，安藤百福功不可没，不过他身为速食拉面发明人的事实却多少出现了争议。1955 年，一间

---

[1]　Japan External Trade Organization, *Changing Dietary Lifestyles in Japan,* 10.

[2]　Japan External Trade Organization, *Changing Dietary Lifestyles in Japan,* 9.

[3]　Nissin Foods Corporation, *Shoku tarite yo wa taira ka: Nisshin Shokuhin shashi* (Osaka: Nissin Foods Corporation, 1992), 57.

[4]　Ando Momofuku, *Rising to the Challenge: Living in an Age of Turbulent Change* (Tokyo: Foodeum Communication, 1992), iii.

名为松田产业的小公司曾推出一款名为"味付中华面"的产品，远比
日清公司推出的鸡汤拉面还早三年。然而，松田产业当时并未取得专
利，而该项产品也因为销售不佳的关系在推出几个月后就面临停产。
该公司（后改名为优雅食股份有限公司 [Oyatsu Company]）接着又在
1959 年推出速食面"宝贝拉面"，后改名为"宝贝明星拉面"，这是
一种不需要加水就可以吃的酥脆零食，至今仍在日本销售。尽管如
此，安藤百福的日清公司一般还是被认定为第一家推出速食拉面的公
司。关于松田产业的故事很少被提及，唯有书写者在政治角力的前
提下，才会通过建立、过滤与架构事实来刻意呈现历史中备受争议的
版本。[1]

　　安藤百福于 1910 年出生在中国台湾，原名吴百福。他原本在
大阪叔父经营的纺织公司当学徒，因为家族企业的关系，他与政府
及金融界高官熟识，其中最有名的就是内阁总理田中义一（Tanaka
Giichi）。[2] 安藤百福在 22 岁那年利用父亲留给他的 19 万日元遗产在
台湾创业，同时经营多家纺织工厂。他在自传中写道：

　　　　假如当年时局一直平稳下去的话，我真的不觉得自己有机会
　　　开发出速食面，偏偏当时的情势越来越糟。1938 年，《国家总动员
　　　法》正式颁布，隔年（1939 年）又公布了国民征用令，1941 年再

---

[1]　Michel-Rolph Trouillot, *Silencing the Past: Power and the Production of History* (Boston:
Beacon Press, 1997).

[2]　Ando, *Rising to the Challenge,* 18.

推国家商品控制令。纺织业真的很难自由经营下去了……

我开始从事立体投影机的制造，后来当空袭越来越猛烈时，我就在兵库县的山区买了25公顷的地开采煤矿。我把整座山变成煤矿场，营利所得都在战后带回大阪，也让自己得以保有扎实的经济基础。当时我也投资建设并销售兵库县的营房，这个产业应该可以算是当今组合屋产业的前身。其他像是精密机械与飞机相关零件的产业，还有其他数也数不清的生意，我都做过。[1]

安藤百福在战后获得大笔保险理赔，不过却在经济高度成长期因为经营速食拉面未成而破产。[2] 他在成功之前，也经营过其他与食品相关的生意：

创立"日清食品"的契机出现在 1948 年 9 月。我当时以 500 万日元在泉大津市创立了一家名为"中交总社"的公司，据说是当时战后资本额最高的股份有限公司。1949 年，我将公司改名为"SUNSEA 殖产公司"并迁址到大阪。那间公司的营业项目非常多，从食品贸易到批发都有。我在 1959 年时研发了鸡汤拉面，这个产品一推出后，我就将公司名改为"日清食品制造"。[3]

---

[1]　Ando, *Rising to the Challenge,* 19.

[2]　Ando, *Rising to the Challenge,* 25.

[3]　Ando, *Rising to the Challenge,* 28.

战前在台湾经营纺织业，战时经营军火与能源，战后才开始经营大规模食品制造，安藤百福累积资本的模式，反映出日本一连串戏剧化的历史断裂为大规模资本的持有者所创造的商业机会。如此一来，美军占领势力也为安藤百福这样的资本持有者保留且强化了其专属的特权，更将这样的行径视为美国促进日本经济生产以对抗苏联势力的贡献（尽管美军势力在一开始采用了权力分散的手段）。外交历史学者迈克尔·沙勒（Michael Schaller）清楚谈到，许多日本企业领袖在政府宣布投降时都已经预见到这样的长期后果："日本外交大臣藤山爱一郎（Fujiyama Aiichiro）当时仍是一位企业家，他曾回忆道：'当我们得知将是美国（而不是苏联）占领日本时，很多企业家都纷纷开香槟，举杯庆祝新企业家时代的来临。'"[1]

美国的粮食救援也为安藤百福这样的企业领袖制造了与政府紧密联系的机会，并且利用完善的配送管道营销公司量产的商品，这种产销方式确保了高额的收益。此外，安藤百福表示，自己与农林水产省以及厚生劳动省官员会面的结果，也是他研发速食拉面的主因之一。当时除了学校午餐中出现的面包外，这些官员正在极力寻求其他美国进口小麦的使用方式。他写道：

在我开始讨论世界第一款速食面"鸡汤拉面"之前，我想要先说明与当时背景相关的一件事。

---

[1] Michael Schaller, *The American Occupation of Japan: The Origins of the Cold War in Asia* (New York: Oxford University Press, 1987), 4.

当我还在制造与销售营养补充品"Becycle"的时候，有很多工作机会可以去厚生省拜访。日本在美军占领期间所获得的美国粮食援助其实根本不够。日本人得要吃麦、吃玉米，想活下来就什么都得吃。厚生省的工作项目之一，就是要鼓励对面粉不甚熟悉的日本人消费美国小麦。厚生省派出很多宣传车在各处巡街，呼吁民众多吃面包。

我每次看到那种宣传车时，心里都会对面粉只能用于制作面包感到不满。面包在那个时候也是学校午餐的主食。

我在前面已经提到自己的信念，即文化、艺术与文明的基础就是饮食。这意味着一旦饮食习惯改变了，我们就是在放弃传统与文化传承。我认为改吃面包就等于在适应西方文化，而我也以这个论点挑战政府代表。

"你们为什么不鼓励民众消费传统的亚洲面食呢？"我问对方，但那位政府官员只是点点头表示听到了。然而，拉面与日本乌冬面在当时还是相当小规模的产业，也没有任何渠道可以将美国过剩的面粉有规划地制造成面条并加以配送，而欠缺适当的制造设备最终也成了继续发展的瓶颈。

那位政府官员建议我，假如我对于这个想法如此热衷，那就应该自行研究解决办法。这个建议后来就变成了我的动机。[1]

---

[1]　Ando, *Rising to the Challenge,* 35.

安藤百福创造速食拉面的兴趣因为丰沛的美国小麦而持续积累，而他也有意要将这些便宜的美国粮食补给转换形态后再配销进入超市渠道。学校午餐制度也是速食拉面得以实现的另一个关键。学校午餐制度是由美军占领当局发起的，内容仿照美国的学校午餐计划，而且营养指标的制定更是如此。很多像是安藤百福这样的大规模食品供应商都将学校午餐制度视为大量销售速食的管道，但这项计划始终没有成形。[1]

安藤百福的故事显示了美国进口小麦与发明速食拉面之间的深度关联。其试图将拉面推广进入学校午餐制度的方式，也显示出这样的渠道收益对于大规模食品制造业者至关重要，而与政府之间的友好关系更是从业者建立配销渠道不可或缺的要素。总而言之，大规模廉价的美国进口小麦，是促进速食拉面在日本经济高度成长期发展的关键，而许多像是日清食品这样面对年轻人与新中产阶级成功营销便利生活形态的公司亦功不可没。

安藤百福在自传中声称，正因为速食拉面的发明，才能将进口面粉制作成面条，而不再是只能做成面包，因此日本饮食文化才得以保存下来。他在自传中不断重复这个论点，而这样的说辞也可以在日清食品位于东京新宿区的图书馆常设展中见到。这一说法将速食拉面的发明，设定在对抗西方强权以捍卫亚洲文化自主的框架之下，只是一想到这道料理的主要成分仍是美国小麦，还是不免让人重新审视这个

---

[1]    Ando, *Rising to the Challenge,* 36.

论点。毕竟，大量进口美国小麦的举动，给日本稻农造成了相当大的伤害。

　　安藤百福于1948年9月加入食品加工产业，目标是要为极度缺乏营养的人民补充营养。他起初先成立了一间脱盐厂，接着将业务拓展到制造"拌饭素"（一种干鱼粉）及开发动物蛋白提炼技术。这种动物蛋白叫作"Becycle"，主要从牛与猪的骨髓中提炼而成，它被销售到医院以提供给营养不良的病患。无独有偶，（干鱼）拌饭素也是从鱼类残余物制造而成，然后再营销成良好蛋白质与钙的摄取来源。安藤百福不断地进行营养品研发，也一度想过要从水煮青蛙中提炼出营养品。[1]

　　安藤百福的食品加工事业也令自己与厚生省的政府官员维持着良好的关系，这些官员都相当热衷于支持他从废弃食物中创造营养品的决心。因此，安藤百福在食品业塑造了将成本极低或免费食材加工为食品的商业模式。那些原本被视为不能吃的东西在变成食品后就可以通过政府渠道贩售，进而包装成为营养与能量的良好来源。

　　速食拉面自然也依循着相同的路径发展。价格实惠又容易取得的美国小麦，一般人不会吃的鸡的残余物，再加上日清食品与政府的良好关系，速食拉面被营销包装为健康食品。这也是安藤百福心中笃定的获利模式。尽管安藤百福因为速食拉面的即食特质，称之为"神奇拉面"，不过日清食品起初的策略却是着重在速食拉面的营养价值，

---

[1]　Nissin Foods Corporation, *Shoku tarite yo wa taira ka,* 47–48.

而非其便利性。这款产品在原始包装上大胆宣称可以"加强体力"与提供"营养最丰富又美味的一餐"。[1] 日清食品的这种主张显然与日本经济高度成长时期的历史脉络有关，即当时的营养学者不停吹捧面粉（面条）与肉类（鸡肉精华）的强身特质，甚至强调那就是美国人身心都优于日本人的原因。

1960 年 4 月，日清食品承诺在速食拉面中添加维生素 $B_1$ 与 $B_2$ 后，便获准以政府认证的"特别营养食品"进行宣传。1967 年 8 月，该公司又在速食拉面中添加了另一种蛋白质营养物质——赖氨酸（Lysine），继续改善该产品的营养成分。该企业的发展史中也针对这项添加蛋白质的策略提出解释："据说当时日本饮食过于仰赖植物来源。"当然，这个观点显然就是日本营养学者与美国农业出口代表努力宣扬小麦、肉类与乳制品营养的成果。然而，该公司在 1975 年 6 月决定停止添加这项营养物质，因为"民众的营养状况已经出现大幅改善"。[2] 这也表示，营养添加物为加工食品增加吸引力的效果，已经下降到不足以额外提拨成本继续推行的程度了。

不论是成长规模还是产品独特性，日清食品公司的表现都相当出色，不过该公司得以成功的原因，与其他日本大型食品公司有许多相似之处，都是借着那段时期的人口与生活规划的变动乘势而起。正因如此，日清食品公司不论在企业架构、生产规模、企业间合作、广告

[1]   Nissin Foods Corporation, *Shoku tarite yo wa taira ka,* 210.

[2]   Nissin Foods Corporation, *Shoku tarite yo wa taira ka,* 108-9.

与拓展海外市场上，都是日本企业在 20 世纪 50 年代末期至 70 年代的代表。1958 年，安藤百福的公司"SUNSEA 殖产公司"，也就是日清食品公司的前身，在大阪市高消费市区的阪急百货商场试验发表产品，造成轰动。鸡汤拉面被包装成健康又营养的食品，而且是只要两分钟就可以上桌的正餐。一包鸡汤拉面只要 35 日元，这个价位当时与去中餐馆吃一碗拉面基本相当，价钱也大概在 35 到 50 日元之间。1958 年 8 月 25 日，安藤百福开始将鸡汤拉面成箱铺货到大阪的批发市场，而这天后来成了 80 年代的"拉面日"，日清食品公司也在这个时期跃身进入全球食品加工市场。[1]

重现安藤百福开发速食拉面的小屋
© 速食拉面博物馆

---

[1]　Nissin Foods Corporation, *Shoku tarite yo wa taira ka,* 108-9.

安藤百福研发速食拉面的小屋内部场景
© 速食拉面博物馆

　　根据日清食品公司发展史的记载，安藤百福在 1958 年将公司名
"SUNSEA 殖产公司"改为"日清公司"，目的是为了要体现他"纯
粹想为每天创造丰富滋味"的渴望，从中取"nichi"（每天 / 日）和
"shin"（纯粹 / 清）二字合并为"Nisshin"，以此表达安藤百福的梦
想。[1] 话虽如此，这样解释该公司新名称背后的意义还是有些牵强，
而且不难想象这是为了掩饰真正动机的矫饰之词。其中一个让公司改
名的可能原因是，当时全日本最大的小麦加工商就叫"日清"，用字
完全相同，安藤百福可能想借大公司的名气让自己刚成立的小公司引
起大众注意。日清制粉公司是日本望族正田家族所经营的大型企业，

---

[1]　Nissin Foods Corporation, *Shoku tarite yo wa taira ka,* 60.

该家族于 1958 年与日本皇室联姻，正是这一年日清食品公司推出了鸡汤拉面。

安藤百福在自传中只字不提自己的中国背景。这样的刻意疏漏，其实与日本战后对国内外的认知有很大关系。当时的日本自认是一个单一民族的国家，刻意忽略战后随着殖民统治结束而来的其他族群。[1] 安藤百福刻意隐藏自己非日本民族的背景并不是个案，许多拥有中国台湾与韩国背景的日本商人在战后都选择这么做，以避免可能发生的歧视。

1959 年，日清食品公司开始与日本最大的贸易商"三菱商事"合作，鸡汤拉面的渠道也因此更加宽广。尽管三菱商事的高层们都不太愿意与这种低阶且获利有限的商品合作，不过安藤百福却设法说服其中一位资深主管佐南正司（Shanan Shoji），用消化美国过剩小麦这一理由来游说其他同仁。根据安藤百福的说辞，佐南正司说服了三菱商事的高层加入销售鸡汤拉面的行列，因为这样"可以为面粉创造配货渠道，好增加他们与这些国家的贸易往来"。[2]

三菱商事决定与日清食品合作之后，就立刻创造了"从拉面到导弹"这样的精神标语，代表该公司在产品与服务上的广度。这句标语也呈现出食品加工业与导弹制造业在经济上有了更大幅度的关联，同

[1]　Eiji Oguma, *A Genealogy of Japanese Self-Images* (Victoria, Australia: Trans-Pacific Press, 2002).

[2]　Eiji Oguma, *A Genealogy of Japanese Self-Images* (Victoria, Australia: Trans-Pacific Press, 2002), 63.

样的公司可以同时主导两种产业。当时日本最大的十家综合商社，诸
如三井物产、三菱商事与住友商事，在 20 世纪 70 年代中期以前几乎
控制了日本所有大规模的经济活动，经营项目主要是进出口、金融、
运输、保险、物流与营销。"从拉面到导弹"这句标语呈现出日本贸
易公司在国家经济与武器制造上的特殊主导地位（尽管日本在武器发
展上仍然受到所谓"和平宪法"的限制）。此外，这个现象也彰显出
这些公司从战前到战后一直都是资本汇聚的中心。

　　各种迹象显示，日清食品公司管理阶层与劳动者之间以合作关系
为主，与日本在 20 世纪六七十年代的主要潮流相符。安德鲁·戈登
（Andrew Gordon）教授在论及日本大企业成功管理激进工人组织时提
到："那些几乎可以领导全日本工会并且捍卫劳动者利益的人，当时
却表现得如此消极，主因有二：他们认识到更全面的行动将会相对影
响到自己的安危，而且他们也将女性视为附加工资劳动者，因此女性
劳动者处于次级地位乃是合理的现象。"[1] 日清食品公司严格遵守以上
模式，又因为工厂的劳动者主要是"附加工资劳动者"，或是不想接
受正式工会会员有资格享有的福利与保护的乡下年轻女子。

　　日清食品公司在制造鸡汤拉面时只有二十个员工，外加安藤百
福、他的妻子以及后来继承企业的儿子安藤宏基 (Ando Koji)。这些
工人会在烹煮鸡汤前先拔除鸡毛，接着油炸面条，最后手工包装。然
而，日清公司第一年就在肉类加工与油炸技术上突飞猛进，也因此大

---

[1]　Andrew Gordon, "Contests for the Workplace," in *Postwar Japan as History*, ed. Andrew Gordon (Berkeley: University of California Press, 1993).

幅减少了制造过程中所需的人力，进而得以在营业八个月后就能日产6000 包鸡汤拉面。1960 年，正式营业两年后，日清公司的日产量已经高达 120 万包。[1]

　　日清食品公司及其他大型企业的劳动力需求，在 20 世纪 50 年代末期至 70 年代初期开始出现相当激烈的竞争。日清食品公司的企业发展史中记载，其他拉面制造同业代表在 20 世纪 60 年代秘密挖走许多日清的重要员工，从厂长到产线作业员都有。[2] 日清食品的工人变动也是日本劳动变化大趋势的一部分。受雇于家族企业的劳动者在 20世纪 50 年代末期占所有劳动人口的三分之二，到 60 年代已降至一半以下。[3] 因此，面对当时经济快速成长时期的高度劳动力需求，像是日清食品这样的大公司就会无所不用其极地吸引并劝说各个层级的员工。

　　随着生产规模逐渐成长，日清公司开始采用合理制度聘用薪资雇员，主要负责营销、研究、规划、会计与其他非营利生产相关领域的工作。同样在这个时期，工厂员工们也在 1960 年组织以该公司为主的工会，后来也引发其他日本大型公司的劳动者起而效之。日清食品公司在其发展史中宣称，"即使成立了工会，劳动者与管理层之间也不曾发生过任何冲突"。[4] 尽管日清食品的企业发展史是出自管理阶

---

[1] Nissin Foods Corporation, *Shoku tarite yo wa taira ka,* 62, 72.

[2] Nissin Foods Corporation, *Shoku tarite yo wa taira ka,* 68.

[3] Gordon, "Contests for the Workplace," 256.

[4] Nissin Foods Corporation, *Shoku tarite yo wa taira ka,* 68.

层之手，不过日本大型企业与劳动者和平共处，的确是高度成长期中
的常态。主因在于工人薪资会随着前一年的获利情形而调涨，无心完
成管理目标的员工也会随之被边缘化。常见的管理手法有奖励加班最
久的员工，肯定改善生产流程的员工，以及经常举办全公司的庆祝、
旅游与各式活动。日清食品公司的发展史中也特别提到该公司每年举
办的圣诞派对。由于多数工厂员工都是从乡下来的年轻女孩，因此每
个人都会在派对上收到奢侈商品的试用品，像是香槟与法式开胃菜等
等，多数人几乎是生平第一次收到这样的礼物。日清食品也可以借此
展现并塑造其为一家慷慨、有趣又有名望的公司的形象。[1]

　　此外，将劳动者与管理阶层的目标调整一致的另一种更重要方
式，就是对劳动者行动的实际限制。这些工人都居住在公司宿舍里，
每天进出并解决生活需求的地方都是公司持有经营的店家。举例来
说，日清食品公司拥有自己的杂货店、美容院、食堂与工厂附近的宿
舍，所有员工都可以在这些店家买到公司补助的商品与服务。[2]换句
话说，这样的体系让企业本身成为员工社会与经济活动的中心，也借
此强调业主相当关心这些最低薪资的工人，表达出两者其实是一体的
信念。尽管如此，从员工的角度而言，公司能提供如此完善的设施显
然比没有来得好，而高度成长期对于劳动力的强大需求也让日清食品

---

[1]　Nissin Foods Corporation, *Shoku tarite yo wa taira ka,* 68.

[2]　根据日清公司历史记载，速食炒面的发明源自公司一名员工的想法，主要目的是将碎
掉的速食鸡汤拉面在食堂进行再制作，作为提供给员工的免费零食。这一想法最终推动了
另一形态速食面条的出现。Nissin Foods Corporation, *Shoku tarite yo wa taira ka,* 100.

公司体认到为员工提供便利的必要性。

日清食品公司在日本跃身成为宰制速食面界的制造商，也与其他数百家小规模制造商的失败密不可分，因为多数小型制造商都是在与日清公司的诉讼中黯然退出市场的。日清食品公司的成功关键之一，就是通过专利诉讼与其他合法操作手段，来消灭竞争对手。根据该企业发展史记载，日清食品对许多主要对手提出专利侵权的诉讼，目的就是要"维护公司的权益"。[1]

1960 年 2 月，日清食品公司提出第一次侵权诉讼，控告其在速食面界的主要对手"Star Macaroni"非法使用"鸡汤拉面"这个名称。最终，大阪地方法院选择站在日清食品这一边，并于同年 3 月 5 日做出判决，从此日清食品取得"鸡汤拉面"的唯一使用权，而其他十三家使用该名称的企业紧接着也成为被告。[2]

更重要的是，日清食品公司取得了制造速食面的专利权，并借此排挤所有竞争对手。日清食品公司用于对抗其他对手的专利权，其实是从另一家公司——"东明商行"[3] 所取得的。东明商行比日清食品更早取得专利文件，日清说服东明商行的高层，与其他九家小型速食面制造商一起合并共享专利，甚至在某些情况下共享机械设备。这几家由日清食品公司领导的合作企业名为"关东速食拉面制造合作社"，

---

[1] Nissin Foods Corporation, *Shoku tarite yo wa taira ka,* 76.

[2] Nissin Foods Corporation, *Shoku tarite yo wa taira ka,* 76.

[3] 中文资料多指出，安藤百福当年是从另一位来自台湾屏东的中国籍牙科留学生张国文处取得泡面专利，而本书作者所指的"东明商行"，其实也是张国文当年在日本所经营的"东明食堂"背后的公司。——译者

于 1961 年 8 月 26 日正式成立，而另外两家速食面制造商联盟也在同
一时间成立，分别是 Ace Cook 公司与岛田屋食品公司。[1]

1962 年 5 月 8 日与 6 月 12 日，日清食品公司分别取得“调味干
面制造”与“速食拉面制造”的专利所有权。安藤百福在面对媒体记
者询问他取得这些专利的意图时，做出以下解释：“我并没有打算独
占速食拉面这个行业，我想要将专利授权给那些拥有完善设备与技术
的公司。如果可以削弱生产过剩与价格崩盘的可能性，那么我认为这
么做是有助于稳定整个产业的。”[2] 通过竞争控制的方式来管理产业并
且避免独占与价格竞争，这正是日本（与欧洲大陆）大型企业在经济
成长期的竞争管理方式。

尽管安藤百福如此表示，日清食品公司还是于 1962 年 6 月 1 日
开始通知日本其他速食面从业者，必须取得日清食品公司明确的书面
授权才能继续营业，否则就要面对专利侵权的官司。日清食品公司在
接下来的一年间与二十家大型拉面制造商达成共享专利的协议，而
这二十家公司也都同意交出部分营利所得以换取经营权。尽管如此，
Ace Cook 公司与其他六家规模较小的企业联盟却决定在法庭上挑战
日清食品公司的专利。虽然大阪地方法院在 1962 年 6 月 25 日做出有
利于日清食品公司的判决，但是东京（专利）特许局却在判决出炉后
立刻对此案发表意见，并表示 Ace Cook 并未侵犯专利法。接着两家

---

[1]　Nissin Foods Corporation, *Shoku tarite yo wa taira ka,* 77-78.

[2]　Nissin Foods Corporation, *Shoku tarite yo wa taira ka,* 78.

公司及其各自拥护者之间形成了一场漫长的公共关系角力战，而业界各执一方的情形就这样持续了两年之久，直到日本农林水产省下的食料产业局介入调停。[1]

政府干涉并防止日清食品私自独裁速食拉面市场的进入门槛（也就是专利特许局的决定），以及介入并化解日清食品与 Ace Cook 之间的纠纷（食料产业局的作为），都再次展现了日本政府管理日本企业竞争以防止独占控制与价格战争的手段。这样的结果是一种国家支持的卡特尔主义（企业联盟），同时也是日本举世闻名的产业现象。许多大型企业设立限制小型企业进出市场的机制，并借由品质、创新与营销表现来竞争市场占有率，而不是一味地透过价格竞争来取得一席之地。[2]

关于产品命名与专利权的纷纷扰扰在业界持续了五年之久，最后当局只好在 1965 年强制要求其余 56 家速食拉面制造业者整合在同一个国家伞式组织下，成立了"速食拉面制造业者协会"。协会的成立宗旨中写着："尽管企业之间因为专利议题出现了猜忌，但本协会并不涉入任何专利事件。本协会成立的宗旨是以促进业界合作发展并以改善全体大众（关于速食拉面的）利益为目标，提供业界之间的对话空间并重新建立正确的态度。"据日清食品公司表示，政府提出该行政方针的动机，主要是维持其在日本营养供给、国际贸易与食品价格

---

[1] Nissin Foods Corporation, *Shoku tarite yo wa taira ka,* 80.

[2] Ulrike Schaede, *Cooperative Capitalism: Self-Regulation, Trade Associations, and the Anti-Monopoly Law in Japan* (New York: Oxford University Press, 2000).

上的影响力。[1]

日清食品的成就，多半要归功于引人注目的广告与产品发表方式。安藤百福也因此得以通过日本媒体在 20 世纪 50 年代末期与 60 年代初期伴随历史的变化进展而获利。外形类似巴黎铁塔的东京铁塔于 1958 年正式启动，发送 FM 广播与电视等各种无线电波，隔年四月便转播了明仁皇太子与平民皇后正田美智子（Shoda Michiko）奢华的皇室婚礼，而日清食品公司也在 1960 年登上了电视广告。

1959 年日本皇室婚礼举行之后，越来越多的日本家庭也开始出现广播与电视设备，而日清食品完全把握了广告的机会。善用报章杂志、广播以及最重要的电视媒体作为广告媒介，通过流行的青春偶像代言、电视主题曲、猜谜节目、现金赠送、欧洲旅游抽奖等各种促销方式，日清食品成为全国公认的在年轻族群市场中最懂得创新营销的企业。大众媒体对消费族群的划分也为日清食品锁定核心受众带来莫大的助益，令其得以直接锁定年轻家庭妇女与单身男子作为核心消费者，还有最重要的儿童市场。

日清食品公司最初两年都是通过全国发行的报纸刊登广告，后来便于 1960 年通过赞助两档以年轻族群为核心观众的节目进入电视媒体市场，这两档节目分别是"伊贺谷栗助"与"不要放弃！Bin Chang！"。根据日清食品发展史记载，第一波的广告是要向消费者清楚传达"鸡汤拉面可以为生活带来便利"，以及其"健康、卫生、

---

[1]  Nissin Foods Corporation, *Shoku tarite yo wa taira ka,* 82.

新颖与充满活力"的特质。[1] 1962 年，日清食品赞助了自主制作的电视猜谜节目"世上最大的谜题"，由 100 位参赛者共同争夺 100 万日元奖金。[2] 这个猜谜节目很快成为全日本收视率最高的节目，直到 1965 年 5 月停播前都维持着相当高的收视率。该节目曾被大阪妇女协会评选为"最佳青少年电视节目"，这也代表日清食品获得了其最重要的消费者基本盘的认可，也就是那些年轻的都市妈妈。[3]

日清食品公司的另一项营销创举就是为广播广告制作了一首歌曲。由小歌星柴仓麻里子（Shibakura Mariko）主唱的《鸡汤拉面之歌》于 1962 年开始在当时相当受欢迎的广播节目"今宵来歌唱"中放送，持续播放了五年之久。这首歌曲当时在学生与年轻族群之间广为传唱，也让柴仓麻里子的知名度水涨船高。[4] 1967 年是速食拉面问世十周年，周刊杂志《Sunday 每日》为此刊登了一篇文章。文中表示，通过广告，年轻族群对这首歌的曲调与歌词都已朗朗上口了：

> 今年是速食拉面问世的第十年。这项产品自从 1958 年在大阪推出之后，每年的增长率都维持在 20% 以上，就连日本经济增长也达不到这个数字。"我的名字是拉面太郎。""我就是喜欢这样。""我吃过很多种了，但是最后……"孩子们都可以不加思索

---

[1] Nissin Foods Corporation, *Shoku tarite yo wa taira ka,* 72.

[2] 日清食品公司赞助的节目"世上最大的谜题"复制了美国流行猜谜节目"价值 64000 美元的问题"的模式，后者于 1955 年至 1958 年在哥伦比亚电视台播放。

[3] Nissin Foods Corporation, *Shoku tarite yo wa taira ka,* 74.

[4] Nissin Foods Corporation, *Shoku tarite yo wa taira ka,* 74.

地哼出这首歌……是的，每年 20% 的增长率不仅是指速食拉面的营收，也可以用来描述电视频道的传播率。[1]

广告业者针对孩童成功地创作出推广速食面的广告歌曲，而广告也成为儿童与婴儿潮世代不可或缺的流行文化之一。正因这样的关系，日清食品有效利用广播电视，与 20 世纪 60 年代蓬勃发展的年轻消费文化接轨，有时候甚至定义了年轻消费文化的内涵。

日清食品也通过鸡汤拉面的原创商标形象，直接在儿童市场推广营销。日清食品公司开发了"清仔"（chibikko，"ko"在日语中有"小孩"的意思）这个角色。这背后的动机说明了年轻消费者的重要性渐增。日清食品的历史档案中记录了公司在 1965 年推出拟人化形象前投入了相当多资源研究他们的好恶，一切都是为了营销之用。[2]

其实早在"清仔"之前，日清食品公司就已经在成立之初创造了两个商标形象，分别是"Chi'i-chan"与"Kin-bo"，这两个名字的第一个音节合起来就是"Chi-kin"。然而等到锁定年轻族群的目标逐渐明确之后，该公司便于 1964 年舍弃这两个商标形象。尽管日清最初想要继续保留与鸡相关的外貌形象，无奈当时已经有同业抢先使用，日清食品迫不得已只好一切重新开始。策划人员开始讨论采用大象或长颈鹿的可能，但是等到完成更详尽的市场调查之后，他们决定公司

[1]   "Insutanto ramen kigen junen," *Sunday Mainichi,* March 12, 1967, 44.

[2]   Nissin Foods Corporation, *Shoku tarite yo wa taira ka,* 130.

的商标形象应该是一个"健康、幸福又调皮的孩童"。[1] 日本中产阶级家庭从 1960 年开始便越来越注重小孩的需求，这点可以从东京成立第一家儿童医院与横滨开设的儿童主题乐园得到证明，两者都是在 1965 年发生。[2] 这些现象都为日清公司的决策带来重大影响，并促使日清最终决定以小孩来作为商标形象的主题。日清食品公司的发展史中解释，"清仔"是"以面粉色的皮肤、圆圆的鼻子、大大的眼睛与雀斑来表现健康的形象"。[3] 有趣的是，这样"健康的形象"却有着淡金色的头发，双颊生着点点雀斑并戴着歪歪的棒球帽，无须多做解释，这显然不是日本人的相貌。"清仔"的外貌特征在在显示这个理想形象就是以白人美国小孩为雏形——那才是当时健康、富裕、淘气又幸福的最佳写照。

　　日清食品在高速成长时期对营销主题与名称上的变动，皆显示出社会经济快速变化下的时代脉络。举例来说，日清食品在 1966 年之后便让多数产品停止在包装与营养成分的描述中使用罗马拼音，这个现象不仅代表美式形象的营销需求已开始降低，还意味着消费者对于速食拉面的普遍认知也已不再与健康食品有关（虽然所有速食拉面的广告还是选择继续反其道而行）。此外，该公司在 1966 年推出了"日式鸡汤拉面"，1968 年推出了"出前一丁"（字面解释为"速递一份"）。日清食品在这两样产品的推广上都强调酱油汤底的日式风格，

---

[1]　Nissin Foods Corporation, *Shoku tarite yo wa taira ka,* 129.

[2]　Nissin Foods Corporation, *Shoku tarite yo wa taira ka,* 130.

[3]　Nissin Foods Corporation, *Shoku tarite yo wa taira ka,* 130.

甚至在后者的包装上还让商标形象"清仔"穿上江户时代的工人服装。这些命名与营销主题都反映出 20 世纪 60 年代末期日本商品与服务的营销趋势。

1970 年，日清食品推出了"田舍荞麦面"与"拉面家族"，两者的名称都反映了当时日本乡村人口外移与家族关系式微的社会现象。日清在推出新产品时，也配合当时国内盛行的乡间旅游打出了"故里旅游"的广告，有意无意地向民众传达，可以通过包装里不同层次的滋味来追忆家国传统。[1] 日清食品借由持续进化的营销主题来让每一条产品线（尽管这些产品基本上都是一样的成分，即面粉、油与盐巴，只有调味上的差异）与全然不同的形象搭上关系，这样的能力显示出该公司总是对公众议题保持高度敏感，无论是营养不良、传统没落、乡间生活式微或家庭关系的薄弱，日清食品都关心。正如其他成功的营销手法，这间公司之所以会成功，就是因为其让速食拉面成为解决问题的角色，而不是让问题更加严重的角色。

广告活动也一直是日清食品公司维持成长与成功的必要元素。日清在 1965 年的 2 月到 5 月间，推出连续三个月每天送 500 人 1000 日元现金的活动。这个活动获得了相当广泛的响应，报名人次高达 160 万，并让日清在全日本家庭打响了知名度。日清食品也在这项活动的海报上毫不避讳地解释其目的："日清食品公司面对当今速食拉面的高度竞争，也必须竭尽全力争取更大的市场占有率。为了达成这个目

---

[1]　Millie Creighton, "Consuming Rural Japan: The Marketing of Tradition and Nostalgia in the Japanese Travel," *Ethnology* 36, no. 3 (1997): 239–54.

标，我们想要提供 1000 日元现金给宝贵的消费者，借此表达我们的感谢之意，同时继续拓展我们在速食拉面市场上的占有率。"[1] 在成功推出送现金的活动之后，日清公司接着又继续推出欧洲旅游与彩色电视机的抽奖活动。[2]

　　日清的电视广告也是另一项检视日本社会在高速成长期急遽变动的有效指标。日本电视台最早于 1953 年开播，但电视机在民间到了 1959 年才开始普及，也就是随着皇太子迎娶日清制粉家长女正田美智子这桩美事而兴起的风潮。1956 年到 1960 年间，日本家庭电视机持有率从 1% 增长到 50%。[3]

　　此外，日清食品的广告又特别懂得将速食拉面的食用方法标准化，好让那些对速食拉面不太有把握的族群可以放心。1963 年，该公司最早推出的电视广告之一，就以小男孩与穿着高级和服又年轻婉约的妈妈为主角。两人端着一碗速食拉面不停笑着，荧幕上除了产品名称之外，还有醒目的"赖氨酸"字样。这个画面表示，即使富裕家庭的母亲都可以放心让小孩食用富含蛋白质的速食拉面，重点是要表达速食拉面其实很健康。[4] 面对类似这样的广告，有些持反对意见的社会评论者就开始在杂志专栏中抨击年轻母亲过度依赖速食的现象，甚

[1]　Millie Creighton, "Consuming Rural Japan: The Marketing of Tradition and Nostalgia in the Japanese Travel," *Ethnology* 36, no. 3 (1997): 127.

[2]　Millie Creighton, "Consuming Rural Japan: The Marketing of Tradition and Nostalgia in the Japanese Travel," *Ethnology* 36, no. 3 (1997): 131.

[3]　Ivy, "Formations of Mass Culture," 248.

[4]　Nissin Foods Corporation, *Shoku tarite yo wa taira ka,* 218.

至更进一步指出这是懒惰与过度美国化的表现。

　　日清的下一波大型广告便以一位穿着白色背心并独自坐在小公寓、准备享用速食拉面的年轻男子为主角。这支广告的标题是"单身汉"，直白地说明了该公司继儿童之后锁定的消费群体——未婚男性。[1] 这支广告与其他广告（像 1973 年推出日清炒面时的"男人的房间"）都在强调性别角色的标准分工，即男人就应该（或试着）外出赚钱，并且依赖女性维持家事以获取养分（要是没有女人的话就得靠拉面）。这些锁定年轻男性的广告都倾向于强调速食拉面的便利性，而非营养。

　　1966 年的广告"我孙子爱吃"，又表明了速食拉面锁定的另一个族群——老年人。这支广告的主要角色是一位祖母，她的儿子、儿媳还有两个孙子都在一起享用速食拉面。这个构想可以解释为给乡下年长的消费者（与下一代的核心家庭渐行渐远）提供充足的理由购买速食拉面，同时又不需要承认是自己要吃速食拉面。"我孙子爱吃"，就成为那些在日常生活中越来越依赖速食的年长消费者的一句台词，同时也让他们在为自己购买鸡汤拉面时，还能维持应有的尊严。

　　日清食品的"出前一丁"系列产品于 1968 年上市，最初的广告方案就是一群穿着和服的年轻男子讨论这款产品，这也呈现出该公司在营销题材重点上的转变。其中像 1972 年的广告"日本的常识"与1975 年的"酱油日本人，酱油销售"，都透露该公司身为商品品牌所

---

[1]　　Nissin Foods Corporation, *Shoku tarite yo wa taira ka,* 218.

发现的营销新重点——日本文化。

和风（*wafu*）鸡汤拉面（1966 年）与"出前一丁"产品线（1968年）的推出，一再显示当时对日式主题新形态营销方式的强调，两者都承载着江户时代的商业文化，也保有许多古老的神话与传奇色彩。然而，速食拉面消费与和风要素之间的关联性，不仅在广告中出现，同时也在流行报纸杂志的专栏中屡见不鲜。举例来说，锁定上班族的《现代周刊》（*Shukan Gendai*）就访问了二十位最知名的速食拉面爱好者。这篇报道一开始就引用了当时外务大臣福田赳夫（Fukuda Takeo，后来成为内阁总理）的一段话："（速食拉面）是我最喜欢的食物之一，我隔三岔五就会吃。速食拉面最棒的地方就是简单不复杂，要是加了蔬菜或肉类，尝起来会更美味。"[1] 外务大臣表达自己经常吃速食拉面，显然是想要为自己建立亲民的形象，不过这段话也让他成了日本为速食拉面强力背书的最具影响力的政治人物之一。

接着该篇文章又引用知名散文家北杜夫（Kita Morio）的一段话："我真的已经上瘾了……最近我每天都要吃两次速食拉面，凌晨一点一次，三点再一次，我一度觉得自己是着了魔一样在吃速食拉面。"[2]然而，其中最具影响力的却是来自明星医师兼登山家今井美智子（Imai Michiko）的一段话，她借这段话表达了速食拉面的优点，并提醒自己身为日本人的意义："当我从事登山活动时，速食拉面就成了

---

[1]　"Shokutsu meishi no sokuseki ramen mikaku shinsa," *Shukan Gendai,* October 28, 1971, 42.

[2]　"Shokutsu meishi no sokuseki ramen mikaku shinsa," *Shukan Gendai,* October 28, 1971, 42.

不可或缺的必需品。没有其他食物比速食拉面更能引人注目了，更重要的是，速食拉面让我强烈地感受到这是一道日本料理，而我是日本人。"[1] 今井美智子将身为日本人的骄傲与享用拉面联结起来，这种主张在接下来的十五年间广为流传，而速食拉面也在这期间开始制造并销售到海外。

无论是日式主题的广告趋势转换，还是将消费拉面界定为一种日本文化习惯，两者都与 20 世纪 70 年代媒体与学界转而研究日本产业与强健企业的趋势相符。这个时期的许多作品都着重描述日本成功发展为一个现代、非欧洲、非基督教又民主的资本主义国家的背后成因。日本文化中有哪些关键元素助其达成现代化并达到西欧标准呢？诸多争论最后都趋向于讨论日本内部的同质性，以及与标准又进步的"西方世界"相比的独特性，其中又常以理想化的英国为代表。从更普遍的角度来看，这些争论也将分析的基础限制在民族文化，并且支持民族文化历时久远的倾向积累可以用来解释国家财富的差异。尽管这些作者对于促使当时日本经济成功的主要因素议论纷纷，却忽略了日本是美国在冷战时期除了欧洲同盟之外最重要的战略伙伴这一关键优势，以及支撑国家经济成长的劳动力市场分化或日本国内的区域差异。

美国为了确保其与日本之间的战略合作关系，自然也提供给日本相当坚实的经济优势，诸如采用固定低汇率来刺激日本出口产业，开

---

[1]  "Shokutsu meishi no sokuseki ramen mikaku shinsa," *Shukan Gendai,* October 28, 1971, 42.

展技术移转计划及其他贸易相关的优惠条件。日本经济的快速成长也
让美国得以向非同盟国大肆宣传非西方国家的资本主义进展。[1] 如此
一来，20 世纪 60 年代与 70 年代，美国的日本历史研究学者便倾向于
将分析条件限制在原本就存在的民族文化特质上，进而将这些特质视
作日本经济成功发展的基础。美国的研究学者经常将日本描述成非西
方国家式发展下的成功案例，甚至将之归功于日本自身的政治发展、
经济措施、社会组织与文化价值，反而没有严肃地检视日本与美国在
冷战期间的交互关系，以及其对日本经济成长所带来的影响。如此一
来，日本文化就被形容成一种不受时间影响且始终如一的要素，同时
也是国家经济成败的唯一答案。因此，20 世纪 80 年代早期拉面的国
家化历史建构，便是基于这一获得了美国学界支持的战后叙事，即日
本经济高度成长期的出现正是得益于其文化的团结与纯粹。[2]

---

[1]　W. W. Rostow, *The Stages of Economic Growth: A Non-Communist Manifesto* (Cambridge, MA: Harvard University Press, 1960). 罗斯托是肯尼迪总统的经济顾问，这提升了他有关国家经济发展阶段的普遍性理论的影响力。

[2]　举例来说，由福特基金会资助并于日本举行的系列学术会议，在 1960 年代末至 1970 年代初陆续发表了六卷本的会议成果：Marius Jansen, ed., *Changing Japanese Attitudes toward Modernization* (Princeton, NJ: Princeton University Press, 1965); William Lockwood, ed., *The State and Economic Enterprise in Japan* (Princeton, NJ: Princeton University Press, 1965); R. P. Dore, ed., *Aspects of Social Change in Modern Japan* (Princeton, NJ: Princeton University Press, 1967); Donald H. Shively, ed., *Tradition and Modernization in Japanese Culture* (Princeton, NJ: Princeton University Press, 1971); John W. Hall, ed., *Political Development in Modern Japan* (Princeton, NJ: Princeton University Press, 1973); James Morley, ed., *Dilemmas of Growth in Prewar Japan* (Princeton, NJ: Princeton University Press, 1974)。

# 讨厌它或喜欢它

　　周刊杂志在日本高度成长时期出现了一股热潮：不同的周刊锁定不同的人群，年轻女性、年轻男性、家庭主妇与成年男子，人人都有对应杂志。女性杂志通常会赞扬速食产品的便利性及其所号称的营养含量，借此展现科学进步的成果。此外，这些杂志也会提供不同的速食拉面食谱，内容往往是借添加其他食材，以改善速食拉面的营养与口味。举例来说，以女性上班族为目标读者的周刊《年轻女子》的某一期就刊登了二十种烹调速食拉面的方式，不同食谱添加了像是番茄酱、罐头番茄汁、蒜头、汉堡肉、意大利面酱、培根或冷冻炒饭等不同材料。该篇文章的匿名作者列举出当时在市场可取得的速食与冷冻食品之后，便兴致高昂地表达自己的观察结果："这个世界真的变得更便利了。"[1] 这篇文章还提供了疙瘩汤的食谱，这代表除了"中华面"外，疙瘩汤这道战后时期的应急料理也在年轻族群间成为一道受欢迎的速食产品。[2]

　　目标读者为男性上班族的杂志，编辑们就常常对随着这类食品热销而带来的社会变化表达关切，尤其是他们对于家事过度简化的观察。尽管家用厨房电器与科学保存食品在工薪家庭的普及象征着国家经济的进步，也代表着日本人正在追上浮夸的"美式"生活标准。不

---

[1]　"Kore wa ikeru: shin sokuseki yashoku 20," *Young Lady,* December 4, 1972, 130–33.

[2]　"Kore wa ikeru: shin sokuseki yashoku 20," *Young Lady,* December 4, 1972, 130–33.

过简化烹饪过程却成为男性杂志作者们笔下的争议性话题，主因是他们担忧"美式"的家事料理也会随之一起进口到日本。文学期刊《小说公园》便刊登了一篇文章，对这个紧张的议题进行讨论，除了解释冷冻食品的出现及其对性别关系所造成的影响，也比较了家庭耐用品在日本与美国的使用方式。

匿名作者开篇先提到，本年度最大的新闻就是洗衣机、电冰箱与电视的销售量创下新高，不过他却没有对这样的情形大肆赞扬，而是换个角度表示日本人早先的日常生活是有多么贫困与不便。作者提到："别说是洗衣机了，美国人的生活中，家家户户拥有洗碗机，这不是什么值得拿出来炫耀的事情。除此之外，我们现在还有了冷冻食品这样的选择。继洗碗与洗衣解放之后，现在家庭妇女又得以从烹饪中获得解放。"[1]

作者接着向那些不熟悉主题的读者解释什么是冷冻食品及冷冻食品的准备方式，然后提到："很多人第一时间的反应可能是觉得这样的东西不可能好吃，就像远东多线鱼或大口鱼那样。不过，现在美国贩卖的冷冻食品在研发上的进步已经与过去十年不可同日而语了，就算说是比日本人现在每天习惯吃的东西还好吃也不夸张。"[2]

该作者预测，如果冷冻食品的定价继续下调，其在日本的销量将会稳健增长。作者在最后总结道："这些趋势的结果会让女性完全从

---

[1]　"Reito shokuji," *Shosetsu Koen,* December 1955, 84.

[2]　"Reito shokuji," *Shosetsu Koen,* December 1955, 84.

家事中获得解放，然后她们唯一的工作就只剩下生小孩了。也许有人认为这样的转变会让男性开始抱怨劳动分工不平等，但是美国人并不会因此而抱怨。这就是美国人。换作是日本男人的话，他们应该至少也会拿一件事情出来抱怨。"[1] 这篇文章清楚表明，像作者这样的社会评论者也会为家事劳动的习惯改变而感到焦虑。特别要提到的是，女性家事管理者在准备食物上所需时间的减少，也被视作与母亲、与女性职责定位的脱轨。随着速食产品在日本越来越受到欢迎，社会评论者对类似恐惧的抒发便在报章杂志专栏中屡见不鲜。

速食拉面的普及也引发了饮食原子化的问题，或者光是取得食物也造成了原子化的问题。《朝日周刊》在 1960 年 11 月 13 日刊登了一篇名为《即时性的年代：饮食、衣着、住房，样样即时》的文章，内容描写一名单身汉在新型生活中依赖速食产品的饮食方式，表达以更严重的原子化为代价换取生活的便利让他进退两难。到 1960 年，速食产品已经可以包办日常生活中的任何饮食需求了，因此当时便出现了完全靠此类产品为生的"即时人"（the instant man）。上面那篇文章将"即时人"描写成一位 25 岁的未婚男性上班族，居住在东京千代田区的有乐町。文中也强调了新科技的过度发展，尤其是都市劳工享用的食物产业，同时提到许多旧有习惯开始逐渐消失。

"即时人"每天早上就会喝一碗速食汤，吃点速食面以及一杯

---

[1]  "Reito shokuji," *Shosetsu Koen,* December 1955, 84.

即溶咖啡。等到他在公司自助食堂用完午餐之后，就会采买晚餐食材，其中包括即食米饭及一些炒饭组合调味粉。接着他走到一排新发售的罐装食品区，其中有鳗鱼、羊肉与茶碗蒸。他决定全部买回家，因为他肯定会在将来某一天吃掉这些食物。当他享用完速食炒饭搭配罐头肉时，他又开始准备饭后的速食红豆汤，这时候他心里想到：

这世界究竟是怎么了？当我还是大学生的时候，我会在寒冷的冬夜里忍饥挨饿，耐心等待拉面摊贩吹奏喇叭的声音。就算不是这样，我也得花一小时用大锅煮白米饭，然后就着味噌汤与自己每个星期腌的黄瓜一起吃下肚。每当我想起那些日子，我就会默默地看着碗橱，里面既没有刀和锅，也没有砧板。我家里只有一个开罐器与一口炒锅。每当有人问我"那东西尝起来怎么样"时，我必须承认，其实不怎么好吃，不过我必须在结婚前一直忍受这样的生活。[1]

这篇文章除了描述依赖速食所带来的原子化问题之外，也强调了年轻未婚男性才是速食产品在社会上的主要消费者。"即时男子"对婚后不再需要忍受这种食物的期待，也表达了对家庭妇女过度依赖速食产品的禁忌。因此，这些男性上班族杂志的社论作者并不鼓励年轻未婚男子以外的消费族群购买速食产品，而类似新闻稿也常常有意无

---

[1]　"Insutanto jidai desu: ishokuju nandemo 'sokuseki,' " *Shukan Asahi*, November 13, 1960, 6.

意地出现在版面上。然而，如此一来，广告商与编辑或作者的工作就经常背道而驰。速食与厨房家电制造者会通过广告，直接锁定年轻的家庭主妇，并且鼓吹在日常生活中使用这些产品是天经地义的事情。然而那些带着批判意味的编辑、作者们，却又常常谴责年轻母亲使用速食产品的行为，将此行为视作对烹饪家务的逃避。

有些女性作者（通常是有家政专长背景的人）也会为速食产品造成烹饪人口减少与 "太多闲暇时间" 出现而感到惋惜。譬如一篇刊登在《朝日周刊》的文章中曾引述过旅游美食作家户冢文子（Totsuka Fumiko）的一段话，表达了大量速食涌进日常生活可能会造成文化的没落："如果速食（生活形态）愈演愈烈，人类也会变得机械化，心理结构就会遭到毁坏……（为了平衡这样的趋势）许多美国人已经开始推行东方学与禅宗。"[1] 就户冢文子的观点来看，美国人之所以会对所谓的东方思想产生兴趣，是源自其在西方思想中过度追求务实与科学进步下的反应。[2] 她接着指出 "欧洲人比较能在此间取得平衡"，并且规劝日本人不应过度拥抱（像美式生活）那样充满家电科技的 "速食生活"。[3]

然而，并不是所有人都对速食产品采取批判态度。有位作者就在一份农业劳动者期刊中提及速食产品的营养优势，而且大力支持日清食品与其他速食制造业者在广告中所宣称的内容。《地上》杂志的一

---

[1]　"Insutanto jidai desu: ishokuju nandemo 'sokuseki,' " *Shukan Asahi,* November 13, 1960, 11.

[2]　See also D. T. Suzuki, *Zen and Japanese Culture* (New York: Pantheon Books, 1959).

[3]　"Insutanto jidai desu: ishokuju nandemo 'sokuseki,' " 11.

篇报道让我们了解到，由于形式新奇与营养优势的科学认证，速食拉面于 20 世纪 60 年代早期在农业劳动市场大受欢迎。该作者先介绍速食拉面究竟为何物及准备流程，接着宣称："速食拉面富含许多健康营养成分，诸如蛋白质、脂肪、维生素 $B_1$、维生素 $B_2$ 与钙质，而且每 100 克就可以提供 512 大卡的热量。一包两份售价 85 日元，明显低于面店或小摊上一碗要价 50 日元的拉面。"[1]

这篇文章也大肆鼓吹速食红豆汤的好处，提到这项产品含有维生素 $B_1$ 添加物，而且价格仅是一般餐厅售价的三分之一。除此之外，这位匿名作者也向农民推荐速溶咖啡，介绍其为一种可以快速恢复精神的产品，完全不需要浪费时间煮咖啡，就可以立刻回田里上工。某些专栏作家因为便宜并且含有营养成分的缘故，而张开双臂拥抱这些比亲手制作更具优势的速食产品。像这位作者一样认为速食产品见证了科学进步为食物带来的优势，也是当时日本广泛流行的信念。

然而，许多专栏作家也针对速食产品兴起提出了两个问题，即部分产品味道不佳与安全隐患。日本新闻杂志界的龙头《新潮周刊》便刊登出一篇针对这两项议题的专题报道，这篇副标题为"速食产品评鉴"的报道指出，"太多产品尝起来只是'还过得去'而已。"文中引述了一位日本食品研究者的意见："这个产业现在面临的主要议题就是要改善味道……一旦产品最重要的问题解决了，也就是味道与香气得到改善，一旦生活风格在日本更加合理化了，我们就会亲眼见证这

---

[1]　"Insutanto shokuhin," *Chijo,* February 1961, 130.

个产业蓬勃发展。"这位研究者所谓的生活风格合理化，指的是更加依赖这些从超市购买来的方便食品，还有使用厨房电器来准备膳食。[1]

这篇文章的作者提出的另一项议题，便是速食拉面的安全隐患。1961 年 3 月，新闻屡屡出现民众吃完鸡汤拉面与其他品牌的拉面后极度不适的报道。调查报告中表示，制造工厂设备保养不及时，以及厂商没有提供给消费者明确的过期提示，是这一波食品安全问题的主要肇因。日本农林水产省介入并提出更严格的标准后，日清食品公司与其他速食产品业者便在当年推出标示保存期限的解决之道。[2]

20 世纪 60 年代下半期之后，撰文讨论速食产品兴起的专栏作者越来越多，内容不断提及民众广泛与频繁使用速食产品之后所造成的社会变动。日本佛教新兴组织"创价学会"所发行的杂志《潮》中刊登了一篇社会评论家与清酒历史学者村岛健一（Murashima Kenichi）的专文，内容主要针对速食产品所带来的快速社会变迁。村岛健一在文章中先是讨论当时民众流行在日文字前加上"即时"来创造新字，是多么不吸引人的文艺行径，像是"即时说媒"与"即时现金"（指典当换来的现金），接着哀叹有些大型出版商所出版的字典也开始将"即时"（*insutanto*）视作是标准日语了，像岩波书店、新潮社与旺文社这些大型出版公司。[3] 语言标准在外语及其他新词汇影响下而形

---

[1]  "Insutanto shokuhin no saiten: osugiru 'aji sae gaman sureba," *Shukan Shincho,* March 13, 1961, 22.

[2]  "Insutanto shokuhin no saiten: osugiru 'aji sae gaman sureba," *Shukan Shincho,* March 13, 1961, 22.

[3]  Murashima Kenichi, "Insutanto shokuhin somakuri," *Ushio,* November 1966, 286.

成的快速变化，也被视为日本本土文化式微与自信丧失的一种指标。

村岛健一认为这些变化主要来自饮食习惯的改变，尤其是速食拉面的大量消费。他表示："天冷的那几个月，10月到次年3月，日本家庭平均每五天就会吃掉两份速食拉面，那等于是全日本每天要吃掉1000万份速食拉面。"[1] 尽管村岛健一在1966年所提出的警示数据已经够高了，但速食拉面的消费量还是不断增长，在接下来的十年间达到每人每年吃45包的水平，并自此进入平台期。

村岛健一接着讨论这项被他归类为"紧急食品"的速食产品就算不是在紧急时期也可以蓬勃发展的主因。他表示，速食产品可以成功的两项关键要素在于，这些产品可以长期保存，又可以在短时间内准备就绪（即食）。这两项通常与军队应战需求相关的要素，竟然会在日本社会安居乐业的时期如此受欢迎。村岛健一对此提出沉痛质疑，他表示：

> 战争前线的人通常很难知道什么时候会收到基本粮食补给，而生鲜食材又难以取得，特别是在战事爆发时，他们根本没有时间可以煮饭。面对这样的情况，可以长期保存又能快速准备的食物就变得相当重要。
>
> 然而当今社会的情况与上述完全不同，日常生活中也没有什么不便之处。我们有充足的时间，也有充足的商品。那么，这些

---

[1]　Murashima Kenichi, "Insutanto shokuhin somakuri," *Ushio,* November 1966, 286.

可以长期保存又能快速准备的食物，究竟有什么好处呢？ [1]

对村岛健一而言，非饥荒时期也要消费紧急食品的消费者心理让他感到不解，同时也显示日本社会为了达成国家经济繁盛而患上了某种疾病。尽管对于其他人来说，速食产品单纯只是便宜又方便的选择。

接着，村岛健一开始针对速食产品的适当与不当使用（及使用者）进行区分，他在这部分提出的例子显然都是以性别分工为基础。他在描述速食拉面适当的使用方式（及使用者）时表示：

> 我有三位相熟的朋友是速食拉面的热爱者，其中一位是大学学生，他的宿舍没有厨房，所以当他熬夜用功时，就会吃泡面果腹。
>
> 另一位是律师。同样，每当他伏案加班到深夜时，因为家人都已经入睡，他就会吃速食拉面当宵夜。
>
> 最后一位则是演艺人员。他的生活很忙，就算一大早也没有时间坐下来吃早餐。他就会快速地准备好速食拉面并一下子吃完……我认为这三个例子都是食用速食拉面的标准情况。[2]

这些他认为可以接受的例子都是在非正常时间工作的男性。对于村岛健一来说，这些独立、牺牲自我又有抱负的年轻男子与他们不定

[1] Murashima Kenichi, "Insutanto shokuhin somakuri," *Ushio,* November 1966, 288.

[2] Murashima Kenichi, "Insutanto shokuhin somakuri," *Ushio,* November 1966, 290.

期的能量补充需求，才是消费拉面的合理方式。换句话说，速食拉面便是促进男性生产力的实际有效方法。然而，速食拉面的问题在于，它实际上被用于减少家庭妇女的工作量。

> 拉面销售量这么高的主因究竟是什么？那显然是因为速食拉面已经成为一般家庭的主食了……
>
> 速食拉面制造业者宣称该项产品是"生活合理化的产品"或"创新生活方式的伙伴"，但是这么说实在有点言过其实。
>
> 家庭主妇的重要责任之一，就是为丈夫与孩子提供营养的食物。难道是我太老派了吗？我拒绝将家庭主妇的工作减少视作任何合理化或创新的指标。[1]

村岛健一进一步表示，他认为家庭主妇通过"合理化生活方式"获得的额外时间可能导致的问题是，她们有更多时间关注小孩的教育和培养。

> 家庭主妇这些多出来的时间会用来做些什么呢？她们是在栽培自己吗？我从来也没有听说过类似的事情。那她们是专心培养休闲嗜好吗？真要是这样的话，我会替她们感到开心。但是事实上却根本不是如此……

---

[1] Murashima Kenichi, "Insutanto shokuhin somakuri," *Ushio,* November 1966, 292.

　　家庭主妇这些多出来的时间都在看电视吗？我有一位当医生的朋友告诉我："并非如此。很多家庭主妇都开始将心思放在小孩的教育上。"[1]

　　村岛健一在结论中也谴责日本的年轻父亲们纵容妻子使用速食产品替代更有营养、更重烹饪功夫的料理，而且还成为过度关切教育的母亲。他的怒气并不是发在那些速食拉面的制造商身上，也不是让未婚的单身男性消费者扛起责任，而是那些一心只顾着小孩教育的母亲。食物保存科技的进步造成的家政变化让村岛健一困惑不已，而他的看法也呈现出，速食产品在那段时期带来的社会影响仍是以性别差异为主。对于那些偏好以性别划分家政分工的人来说，社会上出现了越来越多依赖速食产品的母亲，确实令他们难以忍受。村岛健一的这篇文章也正好巧妙地串联起速食拉面在 20 世纪 60 年代末期风行于日本时所造成的社会混乱。

## 杯面的优势与海外市场

　　安藤百福发明速食杯面的背后动机，是想要将速食拉面出口到欧洲与美国，尽管这些地方的人并不习惯用筷子和碗吃拉面，他们

---

[1]　Murashima Kenichi, "Insutanto shokuhin somakuri," *Ushio,* November 1966, 293.

习惯用叉子。日清食品于 1970 年成立美国分公司，负责将速食拉面介绍给美国人，当时从日本出口到美国的包装拉面品牌叫作"Top Ramen"。三年后，也就是 1973 年，日清食品在美国推出名为"Cup O'Noodle"的速食杯面。这项让安藤百福与其团队完成杯装拉面目标的发明，采用保丽龙制作的杯碗，使用冷冻干燥后的配料，制作方式是将更多面条保留在包装的上半部，如此一来在水汽对流下就可以均匀受热。速食杯面当时在日本的售价是一碗 100 日元，约是一般包装速食面的四倍，店售拉面平均价格的一半。[1]

日清食品于 1971 年 9 月 18 日推出第一款速食杯面"合味道"，并在东京高级地段银座举办封街促销活动，当时每到星期天都会举办这样的"行人天堂"封街活动。促销人员赠送试吃杯面给路过的年轻人，并且用镜头捕捉他们发觉泡面也可以边走边吃的惊讶画面。尽管进行了各式各样的速食杯面宣传活动，这款产品却是等到 1972 年 2 月"浅间山庄事件"发生之后，才受到全国民众的注意。

如同鸡汤拉面的宣传受惠于皇太子婚礼与电视机高普及率，"合味道"杯面也是通过这次危机事件，在全国电视实况转播下而受到瞩目，收视率一度高达 89.7%。[2] 这起为期十天的挟持事件是由日本新左翼激进学生团体"联合赤军"的五名成员所犯下的，这些人先是为了肃清异己杀害了十四名成员与一名旁观者，接着在逃避警方追捕之

---

[1]　Hayamizu, *Ramen to aikoku,* 125.

[2]　Hayamizu, *Ramen to aikoku,* 125.

下躲进长野县轻井泽町的"浅间山庄"[1]。这五名持有猎枪的成员挟持山庄经理的妻子为人质，最后还在警方晨间攻坚之前杀害了另外两名警察。当时共有六家电视台实况转播这起事件，这同时也是日本第一次通过电视转播挟持危机事件。

　　双方僵持之际，电视上播放了埋伏的警方人员食用速食杯面以抵抗严寒与饥饿的画面。当地低于零度的气温让便当与饭团毫无用武之地，因此那些以 50 日元（零售价的一半）卖给警方的速食杯面，就成了补充体力的最佳选择。[2] 双方僵持的结果是两名警员捐躯，人质获得释放，最后那五名学生也在晨间攻坚中全数遭到逮捕，同时上市才不到五个月的"合味道"杯面也得到全国民众的关注。这些学生在多年之后也承认，他们当时在与警方对峙时也是靠速食杯面才得以果腹。[3] 速食杯面因此被广泛认定为一款可以在严峻天气下补充人体所需能量的食品，而且是在紧急时刻最有用的产品。随着日清食品于尔后数十年间成为世界各地天灾降临时不可或缺的速食拉面与杯面供应商后，这项功能就显得更加重要了。[4] 无论是 1995 年的神户大地震，还是 2011 年 3 月 11 日发生的日本东北大地震与海啸事件，都强化了速食拉面在天灾发生后的实用性，也巩固了日清食品在日本身为紧急

---

[1]　浅间山庄也是河合乐器制造公司的休养所。——译者

[2]　Hayamizu, *Ramen to aikoku,* 129-130.

[3]　Hayamizu, *Ramen to aikoku,* 129-130.

[4]　2004 年以来，日清食品公司和世界速食面条协会的其他成员为超过 18 起灾后重建提供了捐助，包括 2005 年的美国卡特里娜飓风、2008 年的中国汶川地震、2010 年的海地大地震等。见 http://instantnoodles.org/noodles/disasterrelief.html。

粮食供应商的绝对优势地位。

2005 年，日本速食面产业市值约为 5000 亿日元（合 6 亿美元），而且由五大日本企业主宰将近 90% 的销售额，这五家公司分别是日清食品、东洋水产、三洋食品、明星食品与 Ace Cook 公司。[1] 至于非日本速食面的市场则依序由中国、印度尼西亚、韩国、泰国与美国分食。此外，墨西哥也在过去十年间发展成为日本速食拉面的重要市场之一。

拉面的成功带来的影响之一便是传统烹饪习惯被取代，它创造了一种让未来消费者依赖的快煮式便利。这就像是美国小麦改变了日本人原本吃大米的习惯，并以面包与面条取而代之。举例来说，1999 年至 2005 年间，墨西哥的速食拉面销售量翻了三倍，达到每年消费 10 亿份，也就是平均每年每人消费 10 包。[2] 速食面开始扩张的同时，墨西哥的豆类消费也在同期下滑了一半。尽管墨西哥的速食拉面消费量仍远低于日本每年每人 40 包的惊人数字，不过其成长速度确实是对墨西哥传统饮食支持者的一则警示。《洛杉矶时报》（*Los Angeles Times*）便指出："这一产品的普及速度如此之快，以至于最近某家全国性报纸已经管墨西哥叫'Maruchan 国'了。"[3]

---

[1]　"Share Survey: Instant Noodles," *Nihon Keizai Shinbun,* August 7, 2005, www.nni.nikkei. co.jp/AC/TNKS/Search/Nni20040807D06MS301.htm.

[2]　Marla Dickerson, "Steeped in a New Tradition," *Los Angeles Times,* October 21, 2005, 1.

[3]　Marla Dickerson, "Steeped in a New Tradition," *Los Angeles Times,* October 21, 2005, 1. "Maruchan" 为日本东洋水产食品公司旗下销量第一的速食拉面品牌。尽管在日本市场日清食品占据近 40% 的份额，而东洋水产只占约 18%，但是在墨西哥，东洋水产依靠 Maruchan 拉面霸占了近 85% 的市场。

日本拉面得以在墨西哥拓展市场的主因之一，是该国政府将速食拉面当作粮食补给，配销到偏僻乡村的福利社中。"Diconsa"是负责将粮食配送到穷乡僻壤的政府单位，光是在 2004 年就采购了重达 550 万磅的速食拉面，是 2000 年订单的三倍之多。[1] 此外，日本速食拉面从业者也开发了不同的新口味，像是因应墨西哥消费者的口味而推出的墨西哥蔬菜鸡肉汤味或辣虾口味。[2] 速食拉面的大规模消费也开始蔓延到其他拉丁美洲、非洲与欧洲国家，远远跨越了以亚洲消费者为核心的市场疆界。

过去三十年间，速食拉面也在美国监狱中逐渐受到欢迎。2003 年，美国监禁人口已破 200 万，其中大多数男男女女都将速食拉面视为主食。举例来说，速食拉面就是雷克岛监狱福利社中销售最好的产品，每包售价 35 美分，咖啡、糖果与可口可乐都不是这款产品的对手。[3] 21 世纪初，网络上也开始出现监狱中料理速食拉面的各种食谱。其中一个名为"监狱料理"（Prison Cuizine）的食谱网站上刊登了一位匿名作者提供的食谱，他在上面写着："多数看守所或监狱的食谱都是以速食拉面或米饭为底，然后再加上福利社买来的食材，再不然就是从厨房或餐厅带回牢房的东西……很多监狱食谱都是先将拉面挤碎，再加上美乃滋、辣椒蒜泥酱、压碎的墨西哥起司薄饼、乳酪酱、

---

[1]    Marla Dickerson, "Steeped in a New Tradition," *Los Angeles Times,* October 21, 2005, 1.

[2]    Marla Dickerson, "Steeped in a New Tradition," *Los Angeles Times,* October 21, 2005, 1.

[3]    Olshan, Jeremy. "Cell-Block Busters: Sale Items Spice Up Life at Rikers Prison," *New York Post,* March 1, 2010, www.nypost.com/p/news/local/cell_block_busters_OJz5YxDJrupc00khqpmwCP.

辣椒和洋葱丁与各种肉类。"[1] 某道名为"甜辣可乐拉面"（Sweet and Spicey Coke Ramen）食谱的食材如下：一包得州牛肉拉面、二分之一到四分之三罐可乐（非健怡）、一包盐炒花生，也可以再加一根牛肉条（也就是"Slim Jim"牛肉棒）。

　　在这样的崭新意义与形态下，速食拉面创造了与日本消费者不同的新消费族群。随着墨西哥与美国监狱版本的拉面食谱出炉，速食拉面与日本之间的关系也逐渐变淡，正如当年在日本拉面与中国起源逐渐疏远一样。

---

[1]　http://wkbca.xankd.servertrust.com/v/vspf iles/downloadables/ PRISON_RECIPES.pdf.

# 第四章

---

## 推广与定位

### 拉面形象的重塑

新横滨拉面博物馆内展示的大尊摊贩人偶"喇叭欧吉桑"

拉面的发展在 20 世纪 80 年代进入了新阶段，成为在日本向往时尚的新生代之间广为流行的一道食物。正因如此，拉面的销售演变出一种商品与服务相结合的机制——卖的不只是食物，还有各种旅游套装、电视节目特别报道、美食指南、历史书籍、漫画、电玩，甚至是以拉面为主题的电影《蒲公英》，这些都是可支配收入在休闲娱乐上的不同物质化方式。当推车小摊与小食堂在日本都市中逐渐消失之际，媒体也开始致力制作与拉面鉴赏相关的内容。饮食文化朝着一种狂热的娱乐形态全面转型，也就是所谓的美食家热潮，这便是日本经济中制造业退场、服务业进场的显著结果。

　　那些原本给乡下进城打工的单身汉供应饭食的中式餐厅，以及日式大众食堂，也随着都市建设劳动力需求的降低而逐渐减少，取而代之的是提供固定菜单及售价比中式餐馆稍高的拉面专门店。（举例来说，拉面从 500 日元一碗变成了 750 日元一碗。）年轻且拥有可支配收入的都市人口正是这些餐厅的主要客源，也就是大众媒体所说的"新人类"（*shinjinrui*/the new breed），主因在于这些人对于日本在 20

世纪 60 年代前期面临的经济困顿相当陌生。他们出生在便利且富裕的 80 年代，是充满时尚意识并重视炫耀性消费的世代。许多人都是在都市出生长大（不像其父母是在年轻时从乡下搬入城市），并且偏好在服务业兼职赚钱，比起那些在建筑业及夜间娱乐产业工作的传统拉面消费者，两个世代的差异竟然如此之大。

这些专门为"新人类"料理的名店厨师，比日本高速成长期的中式餐馆经营者们更加严肃地看待他们的食物（与自己）。在这样的前提下，新世代的拉面师傅与其支持者于 20 世纪 80 年代将这道料理的品质不断提升。90 年代，拉面师傅开始出现在电视节目中，也开始撰写哲理性的文章，甚至在日本流行文化中取得名流地位；而支持者们则忙着为他们设立博物馆与网络论坛。

20 世纪八九十年代的拉面狂潮重点关注该料理的区域性差异，并通过全国性媒体得到报道传播。拉面在日本各个小型城市中已经生根发芽，并发展出具有区域特色的拉面风味，像喜多方市、札幌市与福冈市。拉面旅行也恰巧在这个时期风行的国内旅游热潮中乘势而起，凸显了新型休闲方式与人民可支配收入的增加，特别对日本都市年轻族群而言。

官方为促进收入水平相对较低的非都市地区经济发展的政策，也是拉面旅行背后的另一种驱动力。那些在 20 世纪 90 年代开始因为区域特色风味拉面而出名的小城市，也正是 20 世纪 20 年代在第一波工业化发展中兴起的城市，不过在后来的发展中他们常会遇到招商引资上的困难。这股以中式汤面为主的热潮，同时也是拉面饮食转型的缩影——从为劳动者提供能量的基础功能，转而成为代表国内旅游与年轻消费理论的时尚活动。

比起流行于 20 世纪 70 年代可预知的速食、罐装与冷冻食品，以及家庭饮食中不涉及个人情感的标准料理，大众媒体于 80 年代转而推崇具有独特创意的拉面。拉面消费提升成为一种娱乐，也揭示了大众媒体强化年轻族群消费趋势的能力。20 世纪 80 年代早期，年轻人开一整天车就为了去吃一碗电视节目或杂志报道推荐的拉面，是件很稀松平常的事情。越来越多与料理相关的媒体应时而生，光是靠餐饮业报道就可以大获成功。"拉面行列"（*ramen gyoretsu*）是当时的流行词汇，代表那些排队两三个小时就为了吃到一碗面的忠实顾客。至此，拉面作为重体力劳动者能量来源的功能已经消失殆尽，摇身一变成为定义年轻群体消费文化的一种象征性元素，以及杂志广告页与电视广告时段的销售新目标。

## 赏味旅行

田中角荣（Tanaka Kakuei）在任日本内阁总理大臣期间（1972—1974）启动了一项针对国内基础建设的经济投资计划，内容特别注重乡间地区的开发，此举也为 20 世纪 80 年代兴起的拉面旅行奠定了基础。田中角荣的建设重点在于铺设新道路，这不仅让公共资金与半公共资金（诸如由国家邮政银行管理的家庭储蓄）由都市区域流向偏乡地区，同时也为自己争取到乡间选民以及他背后建设利益的支持。那些大型计划所推广的国内小型城市旅游项目，都是为了刺激日本国内经济需求，以及逐步脱离 20 世纪 60 年代经济成长所仰仗的量产与出口。如此一来，我们可以看到努力推广日本国内小型城市旅游项目的两大动机：其一是重新分配日本国内资源，其二就是减少日本经济对出口产业的依赖。[1]

　　田中角荣领导自由民主党所发起的"乡村改造运动"就是促进国内旅游的方案之一。改造计划试图展现日本各地文化的独特性，挹注资金到乡间建设，并降低日本经济成长对于出口的依赖。为了达成这个目标，各地企业团体开始推出精心策划的文化博览会、各式庆典，还有规划横跨日本市郊与郊区的商业地带。拉面在许多案例中都成为当地旅游的发展重点，受益于当地企业团体与全国媒体在推广上持续一致的努力，而媒体的报道也开始接二连三地掀起探访最受欢迎的拉面餐厅的热潮。

　　料理类媒体的兴起，尤其是拉面评鉴类，是日本政治经济与社会组织在更大层面上的变动指标。无论是越来越多的杂志或电视节目开始将知名的拉面店推荐给消费者，还是越来越多电视、戏剧、漫画、电影开始以拉面店作为故事题材，环绕在这道汤面料理上的光环，是20 世纪 80 年代所有日本人都可以感受到的事实。

---

[1]　David Leheny, *The Rules of Play: National Identity and the Shaping of Japanese Leisure* (Ithaca, NY: Cornell University Press, 2003).

値得一提的是，相关媒体对拉面的报道在 20 世纪 80 年代中期后爆炸式出现。经济史学者河田刚（Kawata Tsuyoshi）在研究分析了 1974 年至 2000 年间的日本杂志报道后指出，讨论拉面的文章光是在 1986 年就增长了四倍，接下来一直到 1994 年都与此持平，直到新横滨拉面博物馆开幕时又掀起了另一波报道热潮。[1] 然而，尽管拉面受到如此广泛的瞩目，拉面店的数量在 20 世纪 80 年代却没有出现明显的增长，而日本家庭购买拉面的平均支出也相对持平。[2] 事实上，一般家庭在拉面上的支出从 1960 年开始逐渐地增长，1982 年后趋于稳定。因此，根据河田刚取自日本总务省统计局的资料显示，拉面在日本的消费高峰大概是在 1982 年出现的。如此一来，拉面在宣传上的集中曝光其实并没有促进消费增长，而是应该被视作日本从建筑业与制造业移向服务业的标志，后者重度依赖休闲服务与奢侈品消费等更加重视营销的产业。

表二　日本家庭年均外食开销（日元）

|      | 年均外食开销 | 荞麦／乌冬面 | 拉面 | 寿司 | 汉堡 |
| --- | --- | --- | --- | --- | --- |
| 2000 | 160,088 | 5,394 | 5,349 | 16,944 | 3,109 |
| 2001 | 152,939 | 5,341 | 5,414 | 16,170 | 3,208 |
| 2002 | 155,329 | 5,391 | 5,659 | 16,133 | 3,128 |
| 2003 | 150,005 | 5,359 | 5,381 | 14,956 | 3,163 |
| 2004 | 151,184 | 5,327 | 5,445 | 14,826 | 3,308 |

---

[1]　Kawata Tsuyoshi, *Ramen no keizaigaku* (Tokyo: Kadokawa, 2001), 19.

[2]　Kawata Tsuyoshi, *Ramen no keizaigaku* (Tokyo: Kadokawa, 2001), 21-29.

续表

| | 年均外食开销 | 荞麦／乌冬面 | 拉面 | 寿司 | 汉堡 |
|---|---|---|---|---|---|
| 2005 | 149,920 | 5,413 | 5,768 | 14,517 | 3,586 |
| 2006 | 148,112 | 5,282 | 5,237 | 13,822 | 3,504 |
| 2007 | 152,817 | 5,333 | 5,396 | 14,667 | 3,785 |
| 2008 | 153,556 | 5,291 | 5,634 | 14,433 | 4,046 |
| 2009 | 149,097 | 5,276 | 5,673 | 14,040 | 4,351 |
| 2010 | 148,183 | 5,190 | 5,731 | 13,430 | 4,476 |
| 2011 | 142,976 | 5,122 | 5,472 | 12,962 | 4,501 |
| 2012 | 146,359 | 5,273 | 5,349 | 13,094 | 4,315 |

资料来源：日本总务省统计局

　　日本从出口导向的制造业、量产制造业与中产阶级消费为主的经济体，转向以休闲服务、大众媒体与文化重塑为重心的经济体，都是后福特主义（Post-Fordist）支持者渐增，以及与生产性投资标的（即投资项目）减少的结果。此两者同时也在 20 世纪 70 年代中期开始影响到所有先进资本主义国家。[1] 美国经济学者约翰·贝拉米·福斯特（John Bellamy Foster）在其文章《长期停滞与阶级斗争》（*Long Stagnation and the Class Struggle*）中，检视了工业化资本主义国家在 20 世纪 70 年代初期之后逐渐降低的经济增长率。福斯特指出：

　　　　许多先进资本主义经济体在过去近三十年来，已经陷入经济

---

[1]　David Harvey, *The Condition of Postmodernity: An Enquiry into the Origins of Cultural Change* (Cambridge, MA: Blackwell, 1990).

174    拉面：国民料理与战后"日本"再造

停滞，增长率低下、投资市场疲软、高失业率与产能过剩都是主
要表现……

　　主导当代经济的大型企业确实有能力带来经济剩余，只要凭
借其在科学技术上的进步优势，就可以完全垄断市场，并促进劳
动生产率。然而，在这样的条件下，唯有在出现同等大规模的投
资标的时才会出现快速成长，否则在这样的体系逻辑之下，没有
任何可以产生相等规模投资标的物的保证。然而在过去这二十五
年以来，投资的潜在供给已经高过需求是不争的事实。[1]

福斯特对于总体经济情势的描述也有助于我们理解拉面在日本的
功能转变——从面向建筑业工人的随处可见的体力补充，到促进国内
旅游的重要工具，同时也帮助面向拥有可支配收入的年轻族群的杂志
扩大了影响力。因此，20 世纪 80 年代的拉面旅行热潮及知名拉面店
前的排队盛况说明了日本劳动实践的改变，尤其是年轻群体。

　　20 世纪 80 年代，"型录杂志"（catalogue magazine）开始更加频
繁出现，内容主要针对"新人类"及其他人群的次级群体。其中最常
见的一种就是拉面店指南。然而，拉面型录杂志的成长其实只是饮食
相关媒体整体扩张的一部分。比较各家拉面差异的型录杂志之所以能
够成功，也代表着市场趋势已经从商品制作与服务提供，转向资讯与

[1]　John Bellamy Foster, "The Long Stagnation and the Class Struggle," *Journal of Economic Issues* 31, no. 2 (June 1997): 445–51.

形象的推销。[1] 而食物的形象与概念，也已成为推销众多料理周边商品与形象的工具。

　　福岛县的喜多方市就是这类发展模式的显著案例，拉面旅行的发展在 20 世纪 80 年代为当地创造了相当可观的经济效益。当国内旅游随着可支配收入的增加而开始流行时，喜多方市的企业领袖们便决定推广当地风味独特的拉面——又扁又厚的面条配上由猪骨与沙丁鱼干熬煮的清澈汤头，以吸引大众的造访。喜多方市附近的会津若松市是日本知名的"武士之乡"，始终吸引着众多观光客来访。于是，喜多方市的市政官员们便希望将当地拉面推广成为旅客在离开会津若松市时可以停留的另一项观光项目。为了达成这个目的，他们开始与旅行社及广告公司合作，并赞助 NHK 的节目制作，以鼓励游客造访该市80 家特色拉面店，相对于当地人口（仅约 4 万）而言，喜多方市的拉面店密集度远高于日本其他地区。[2]

　　1982 年 11 月，NHK 开始播出介绍当地独特风味拉面的特别节目"喜多方之面"，喜多方拉面因此开始声名远播。1985 年，NHK 制作了另一档节目"追寻：（城堡）储藏室中的拉面飘香"，该节目指出已经有四家旅行社开始规划从东京出发的巴士旅游，主要活动就是让游客体验该地区的拉面，即"喜多方拉面赏味之旅"。而 1988 年，当喜

---

[1]　Marilyn Ivy, "Formations of Mass Culture," in *Postwar Japan as History,* ed. Andrew Gordon (Berkeley: University of California Press, 1993), 254.

[2]　Iidabashi Ramen Kenkyukai, *Nihon Ramen Taizen: Naruto no nazo, Shina chiku no shinpi* (Tokyo: Kobunsha, 1997), 76

多方市的管理人员察觉到未来拉面之旅可能会逐渐退烧后，便迅速开始准备后续计划，这也说明拉面消费在短短数年间已经成为当地经济不可或缺的角色了。[1]

　　许多城市追随喜多方市的脚步，开始推广各自独特的拉面，期望可以获得全国性媒体的青睐并在旅游业中获利。尽管这样的模式在 20 世纪八九十年代被在许多地区性城市成功复制，但自 2000 年后，通过媒体推广地区性拉面已经无法再吸引到那么多关注了。最明显的例子就是和歌山拉面与德岛拉面，这两款拉面始终没有办法像 20 世纪 80 年代九州福冈县的博多拉面或东京都杉并区中部的荻洼拉面那样，吸引到全国的注意力。[2] 知名拉面鉴赏家大村昭彦（Oshima Akihiko）提到："我对于德岛拉面的印象就是大众媒体试着想要大肆炒作，无奈却不曾成功。"[3]

　　尽管德岛拉面一直不像札幌拉面、博多拉面、荻洼拉面与喜多方拉面那样受欢迎，但终究还是得到了新横滨拉面博物馆的认可，并光荣进入常设展中十九大区域拉面之列。根据这项展览的资料显示，日本十九大区域拉面分别是：旭川拉面、白河拉面、喜多方拉面、博多拉面、米泽拉面、横滨（家系）拉面、高山拉面、和歌山拉面、德岛

---

[1]　Okuyama Tadamasa, *Ramen no bunka keizaigaku* (Tokyo: Fuyo shobo shuppan, 2000), 92.

[2]　博多拉面由浓厚醇香的豚骨汤底和纤细雪白的不加碱的面条组成，腌过的红色姜丝、经过烘烤的芝麻点缀其上，也是博多拉面的重要特征。

[3]　"Yabusaka taidan: shinka suru ramen," *Shosetsu koen*, March 2000, 194–201.

拉面、广岛拉面、鹿儿岛拉面、佐野拉面、札幌拉面[1]、熊本拉面、东京（荻洼）拉面、京都拉面、函馆拉面、久留米拉面，以及广岛尾道拉面。[2]

　　拉面旅游在 20、21 世纪之交达到高峰，使得旭川市、和歌山市与德岛市成为最后三个因为当地特色拉面而闻名的日本城市。新横滨拉面博物馆的创办人岩冈洋志（Iwaoka Yoji）曾在 2010 年表示，拉面在日本各地的重要性已经发生改变："我觉得拉面在文化与经济上的发展都停止了。我担心民众在 21 世纪初的热情，即那种出门旅游就是为了品尝地区特色拉面滋味的殷殷期盼，可能已经没有了；而区域拉面本身也渐渐失去原本的独特性，宣告着专属创意即将全面没落。"[3] 这段话出自 20 世纪 90 年代末期负责将拉面神化为日本国民料理的主要人物之口，听起来无比凄凉。他的核心论点是，日本区域性拉面面临消失的危险，这为拉面爱好者敲响了警钟，他们必须要支持各地的特色拉面店，并支持区域性拉面所包含的传统。

---

[1]　札幌拉面是 19 种地区拉面中首个获得全国性知名度的拉面。札幌拉面的汤底中加入了味增和大蒜，使用厚实的碱水面条（含量高达 40%）。三洋食品在 1966 年推出了名为"Sapporo Ichiban"（意为札幌一级棒）的味增风味速食拉面，帮助强化了品尝拉面是当地重要观光行程之一的印象。

[2]　See www.raumen.co.jp/home/study_japan.html.

[3]　Iwaoka Yoji, *Ramen ga nakunaru hi* (Tokyo: Shufu no tomo shinsho, 2010), 20.

印着德岛拉面与郁金香之旅的德岛旅游传单

## 文字的力量：拉面专著

当拉面从体力劳动者与夜间从业人口的主食，转变成为电视与专题报道中旅游收益的主要来源之后，为这道料理建立稳固历史叙述的需求便出现了。20世纪80年代的拉面支持者与拉面师傅开始将这道料理视作值得一探究竟的历史主题，于是从 1981 年开始，周刊杂志中关于战前"支那面"的回顾报道越发频繁。[1]

最早单独研究与赞颂拉面的三本专著出现在 1981 年与 1982 年，也就是喜多方拉面之旅与电视节目中拉面专题报道开始的时候。[2] 其中一本是为许多后来的文本打下基础、由日本最知名的漫画家之一庄司祯雄（Shoji Sadao）编纂的《我爱拉面！！》。这本书被业界奉为"拉面圣经"[3]，通过欢欣鼓舞的内容来分述各地区拉面的发展与变化，同时也介绍各地最受欢迎的拉面店家。像"拉面对市井小民来说是松了一口气的轻叹"这样的章节，将这道汤面小规模的制作方式提升到具有社会历史重要性的新境界，这是前所未有的情形。[4]

《我爱拉面！！》一共分成四个部分。第一部分介绍六家东京名店，这些店或是因为特殊传统而闻名，或是因为拉面好吃而受到欢迎（包括三鹰市以"超正宗战后摊贩式拉面"而自豪的知名老店，以及惠比寿新开张的"新潮流拉面"）；第二部分以类学术的方式分析拉面，有"拉面汤研究""九州拉面研究""拉面心理学"与"拉面社会学"等单元；第三部分搜集知名人士的分享，讲述他们与拉面的关

---

[1] 举例而言，如 Kojima Takashi's "Mazushiki Henshokusha" (The poverty of the picky eater) in the March 3, 1981, issue of *Bungei Shunju* (pp. 82–84)。

[2] 三本拉面专著分别为：Shoji Sadao, ed., *Ramen Daisuki!!* (Tokyo: Tojusha, 1982); Hayashiya Kikuzo, *Naruhodo za Ramen* (Tokyo: Kanki, 1981); Okuyama Koshin, *Takaga Ramen, Saredo Ramen* (Tokyo: Shufu no tomo, 1982)。

[3] *Focus*, "Zodatsu jidai no guwa," January 20, 1984, 62.

[4] Shoji, ed., *Ramen Daisuki!!*

系；最后的第四部分则是庄司祯雄创作的"漫画三部曲"。[1]

这本书在时空交织的背景下描述拉面在不同阶段的差异，同时也触及了这道料理在战后社会经济转变时期的指标性历史地位。举例来说，书中名为"回忆'支那面'"的章节回溯了中式汤面在美军占领期间担负起应急食物的重要角色。庄司祯雄指出："今天，不管走进什么样的中式料理店，我们一定都可以吃到一碗汤头美味、面条精致的拉面，但是那些存在于过去的感觉却不复存在，就是那种说不上有多日本，也说不上多中国的感觉……除此之外，那种吹着喇叭兜售'支那面'的推车摊贩也早就从京都街头销声匿迹了。"[2] 正是以这种方式，这本书比较了拉面20世纪40年代与80年代制作材料和社会背景层面的差异。拉面与中国之间的关联在过去二十年中几乎被刻意抹去，然而其异国属性如今却在回溯中才表现出特定的价值。当新横滨拉面博物馆于1994年设立时，受到日本高度发展时期怀旧风潮的影响，主题公园的一切置景都是根据1958年东京市区的样貌打造的。

书中的另一章"拉面与战后日本社会"，主要从食物与游戏的角度探讨现代日本社会的发展，而且也将拉面视作日本战后消费文化中最具代表性的料理。该篇文章的作者多田道太郎（Tada Michitaro）表示，20世纪早期风行的摊贩拉面与花牌游戏（*hanafuda*），以及二三十年代的咖喱饭与麻将，还有战后的拉面与柏青哥，这些都是日

---

[1]    Shoji, ed., *Ramen Daisuki!!*

[2]    Shoji, ed., *Ramen Daisuki!!,* 186.

本在不同时期最具代表性的流行文化象征。多田道太郎认为，这些料理与游戏的盛行都与支配当时的社会形态有关，这也给我们提供了研究当代日本日常生活历史的样本。尽管多田并未多加讨论这些料理和游戏与当时社会政治经济之间的关系，但他却在这些料理与游戏的传播中发现了近代早期江户时代（前东京时期）的商业文化痕迹。[1] 多田道太郎接着转向讨论拉面全球化的议题。他提到拉面在巴黎、纽约与檀香山这些西方城市开始渐渐普及，并表示拉面很有可能成为第一道源自东方的当代国际料理。最后，多田道太郎又介绍了日本拉面师傅如何改造拉面，如何根据日本人喜爱的饮食风味调整融合。[2]

　　20 世纪六七十年代，日本的历史学研究发展出一个新范畴，即"民众史"（minshushi），这也正是这些料理与游戏会被视为社会变迁指标的学术背景之一。[3] 像安丸良夫（Yasaumaru Yoshio）这样的日本民众史学者，便将大众及其日常生活的变化视作重要的历史研究，而且严肃地看待饮食与娱乐这类议题。因此，《我爱拉面！！》一书为后世研究拉面历史、文化与经济奠定了基础，其中也包括像冈田彻（Okada Tetsu）、奥山忠政（Okuyama Tadamasa）与河田刚这些人的作品。整体而言，这些文字在 20 世纪 90 年代末期形塑了拉面与国家记忆有关的正统叙事。

---

[1]　Shoji, ed., *Ramen Daisuki!!,* 120-25.

[2]　Shoji, ed., *Ramen Daisuki!!,* 122-23.

[3]　Takashi Fujitani, "Minshushi as Critique of Orientalist Knowledges," *Positions* 6, no. 2 (Fall 1998): 303–22.

拉面在日本受到的新关注，也与 20 世纪 80 年代股市与地产经济的泡沫不期而遇，两者一起造成了拉面旅游的兴起，以及更重要的，拉面国家主义的兴起；又或者说，一种由发明与输出拉面（不管是手作还是速食）所代表的对日本文化独创性的自豪。然而，有些记者却觉得“拉面国家主义”非常肤浅。日本《读卖周刊》曾经刊登过一篇名为《昭和时代之饮食史》的专题报道，在长达三十页的报道中有两页专门讨论拉面的兴起，标题为《骇人听闻：平凡的拉面竟成为“日本人的优越”之理论基础》。[1]

为这两页拉面议题撰文的作者玉村丰男（Tamamura Toyo'o）指出：“说真的，拉面现在是记者圈中相当抢手的话题，每个人都想要写关于拉面的特别报道。人们只要一直听到什么东西正在流行，就会越来越觉得这东西真的在流行，最后让人不加思索地想试试那样东西。”[2] 玉村丰男认为记者们纯粹是以报道为名在创造潮流，借此向那些没有思考能力的消费者提供化解生活无趣的方式，而这种情形也呈现出日本社会朝向个人主义与疏离感的快速转变。玉村丰男进一步指出：

（拉面）已经从单纯用来填饱肚子的便利食品，变成有专著

---

[1]  Tamamura Toyo'o, "Takaga ramen ga 'Nihonjin erai ron' ni naru kowasa," *Shukan Yomiuri*, May 8, 1983, 72.

[2]  Tamamura Toyo'o, "Takaga ramen ga 'Nihonjin erai ron' ni naru kowasa," *Shukan Yomiuri*, May 8, 1983, 72.

对其介绍，人们可以边吃边炫耀相关知识的东西，这使得拉面也被列入"浮夸"食品之列，而我觉得这根本就是一种乏味又狭隘的"自我主义"。吃拉面在高速成长时期象征着加班劳作到深夜，以及料理本身充满能量，而当今的拉面与此不同，只能令人想到后高速成长期中产阶级抑郁的形象。日本人就只能购买"高品质"的速食面并带回家吃，绝望地试图以这道被过度解读的料理来化解生活的乏味之苦。[1]

通过《骇人听闻：平凡的拉面竟成为"日本人的优越"之理论基础》这篇文章，玉村丰男意有所指地提出诸多见解，其中最精辟的评论就是他很早就注意到的美食鉴赏与新民族主义（neonationalism）之间的模糊地带。他在这篇文章倒数第二小节"宣告无根基的民族主义"中指出：

如果人们开始以为，"拉面是日本民族的伟大发明，这世上没有比这更伟大的食物了，日本人比其他民族都更优越"，那么拉面的兴盛便证实了无根基之民族主义的存在。而回到现实层面，无论是大众媒体报道拉面的方式，还是那些关于拉面的新理论，都呈现出一种接近日本民族优越论的样貌。

我最近看到一个电视节目到香港拍摄拉面的寻根之旅，内容

---

[1] Tamamura Toyo'o, "Takaga ramen ga 'Nihonjin erai ron' ni naru kowasa," *Shukan Yomiuri,* May 8, 1983, 72-73.

是一位女记者走遍香港，寻找与拉面有关的痕迹。她评论着眼前的每一碗汤面，却没有说任何一碗好吃，也没有任何一碗符合她的胃口。最后，她终于找到一碗与心中熟悉的滋味最相近的汤面，而她不过是在汤面中加了酱油来改变颜色与风味，就得到了一碗接近日本拉面的汤面。其实，面对正宗中式汤面时应有的谦卑，才是这个节目最欠缺的东西。

近来的电视广告中已经开始出现越来越多与中国相关的元素来提升（速食）拉面形象，不过，请一堆中国人在广告中说着带口音的蹩脚日语（相较于请阿兰·德龙说法文的汽车广告），不禁让我联想到日本帝国主义侵略中国时的傲慢态度；而飞了大老远去中国拍摄一群中国人吃完速食面后大声鼓掌的（广告）画面，更是在刻意塑造人们在面对经济强国时屈尊俯就的态度。

任何稍有观察能力的人都不难发现，拉面所面临的处境，着实反映了日本民族身为经济强国却无力宣泄心中愤怒的挫败感。我们在富裕中成长，将拉面变成一道奢侈的料理就是我们借由这一切所得到的结果。我们大声吸着面条，心想着日本人有多伟大，接着压力就会得到释放，同时也呼应了拉面的优越性。[1]

玉村丰男针对拉面所赋予日本人的优越感迂回地提出自己的推论，而他要将这道料理的历史从对民族叙事的全然遵循中解放出来，

[1]  Tamamura Toyo'o, "Takaga ramen ga 'Nihonjin erai ron' ni naru kowasa," *Shukan Yomiuri*, May 8, 1983, 73.

这确实是相当罕见的。当拉面旅游、纪录片与各式著作全都试图将对这道汤面的故事导向日本改善了中式料理的民族故事时，玉村丰男却反其道而行之，将这道备受礼遇的料理视作后高速成长期"日本富裕后的空虚"[1] 的写照。

　　日本第一本关于拉面历史的研究作品出版于 1987 年，是小菅桂子撰写的《日本拉面物语：中华汤面在何时何地诞生？》（*Nippon Ramen Monogatari: Chuka soba wa itsu doko de umareta ka？*）。这是第一本讨论拉面在日本的演进历史的权威专著。小菅桂子是日本相当知名的饮食文化学者，她在书中记录了江户大名德川光圀与"五辛面"的故事、"来来轩"在浅草的成功事业、卤笋干成为配料的缘起，以及札幌拉面于 20 世纪 60 年代末的兴起。[2] 小菅桂子这部著作是横跨大众历史、饮食研究与拉面研究的突破性作品，书中整合了各式研究，以书写出这道汤面的权威现代史。（1994 年，新横滨拉面博物馆开幕，馆中陈设大量采用了小菅桂子在书中的开创性论述。）

　　而关于拉面最为权威的文本解读中，还要数日本顶级拉面专家奥山忠政于 2002 年出版的《文化面类学·拉面篇》（*Bunka menruigaku*）。这本篇幅将近四百页的专著从人类在美索不达米亚平原的农耕生活讲起，接着追溯面条文化从丝路传进中国与日本的故事，最后提

---

[1]　Gavan McCormack, *The Emptiness of Japanese Affluence* (New York: M. E. Sharpe), 1996.

[2]　Kosuge Keiko, *Nippon Ramen Monogatari: Chuka soba wa itsu doko de umareta ka* (Tokyo: Shinshindo, 1987).

到拉面在各个地区的差异。书中也探讨了拉面的营养价值、拉面在音乐与文学中的角色，然后提到经营拉面店的各种商业问题，最后作者在结论部分讨论到拉面近来的成功代表慢食运动为日本带来了重大影响。他表示，最近兴起的拉面鉴赏趋势，反映出人们为重新思考自身与食物的关系所付出的共同努力。他写道：“制作拉面的流程包含制作面条、汤底，还有调味肉类，每一个环节都要花上许多时间与精

新宿区日清食品图书馆中所陈列的拉面相关书籍

力。基本上这就是一个慢食的世界。"[1]

奥山忠政对拉面的描述清楚表明，这道料理在 21 世纪初的功能已与过去 20 世纪 60 年代那种便宜又能果腹、为赶着上工的劳动者快速补充能量截然不同。此外，这道料理早期以中国起源为中心的吸引力也已不复存在。如今，拉面已与慢食运动这种源自西欧的精致料理文化现象结合，从与人工劳动相关的必需品转变为休闲和高级艺术的一部分。当拉面以这样的目的与形象在日本国内继续发展的同时，其作为日本文化要素的外销市场也开始拓展到日本以外的全球金融中心，诸如纽约、洛杉矶、巴黎、台北、上海与曼谷。

## 食物：一种新形式

20 世纪 80 年代的电视与报章媒体制作人及作者们，不仅提升了拉面的普及率，也让吃拉面变成了一种娱乐形式。一篇名为《聚餐为主的活动持续着》的文章就讨论了丹尼斯家庭餐厅（也供应拉面）的兴起，同时也比较了这种餐厅与过去主导市场的外食场所——大众食堂与住宅区的中式餐馆——之间的差异。[2] 这篇文章的作者是日本相当知名的饮食学者中江胜子（Nakae Tatsuko）。她在文中先是提到了

---

[1] Okuyama, *Bunka menruigaku*, 39.

[2] Nakae Katsuko, "Shoku no sengo seken shi (9): shoku no ibento ka ga susumu," *Hito to Nihonjin,* April 1983, 106–13.

提供午餐外食的餐饮店家过去二十年在都市中的成长与发展，又提到都市主要地区的上班族因为每天都在荞麦面、咖喱与拉面之间选择而被称为"荞咖拉族"（*so-ka-ra zoku*）。

中江胜子认为，20 世纪 80 年代，外出用餐转向家庭式餐厅的主因有三点。首先是可支配收入的增加，这使得更多家庭可以将资源分配到过去无力负担的奢侈品与服务上。其次是女性上班族的增多，过去许多由家庭主妇承担的无报酬劳动成为了现在的新消费需求，烹饪便是其中之一。最后也是最重要的一点是，都市租屋的拥挤居家环境，使得多数日本家庭将外出到家庭餐厅用餐视为一种"逃离日常生活"的方式。[1] 过去以男性上班族为主要顾客的荞麦面店、咖喱店与拉面店，都变成了后工业时代瞄准一般家庭"逃离日常生活"需求的餐饮市场，这样的转变也凸显了 1980 年代日本都市居民外食的重大转变。

这波美食浪潮也同样影响到了速食拉面领域。市场上出现了动辄上千日元的高级速食面，或是比拉面店平均售价几乎贵上两倍的速食拉面，这便是当时试图将拉面重塑成精致料理的显著证明。这项趋势始于明星食品企业在 1981 年推出的"中华三昧"（*Chuka Zanmai/Chinese Samadhi*）[2] 产品线，而其他竞争者也快速加入战局，并相继

---

[1]　Nakae Katsuko, "Shoku no sengo seken shi (9): shoku no ibento ka ga susumu," *Hito to Nihonjin,* April 1983, 112–13.

[2]　根据明星食品公司的产品介绍，"中华三昧"指的是京味、川味与粤味三种中国古老风味，此名字的内涵是尽情享受神秘的中国味道。——译者

推出高级速食拉面。这些公司所推出的高级速食拉面在取名时都倾向于将中国元素列入考量，广告中也常常采用中国神话里的各种形象。例如明星食品的"中华饭店"、东洋水产的"华味餐厅"与好侍食品公司的"杨夫人"等，这些新产品线都将古典中国视为东亚文明的重镇，并采用相关形象作为营销。

中国风味正是这些公司将产品包装为要价不菲的高级食品的合理依据。这种情况与"二战"前后拉面的早期形象形成了鲜明对比。过去的"支那面"与当时居住在日本的中国人有关，他们多半是中式餐厅里的厨子。而到了 20 世纪 80 年代，当各式各样的高级速食拉面以充满文化内涵的古典中国作为营销主题推出时，中国主题拥有了标记商品市场价值的新功能，而中国人与这道料理的制作的关系，以及他们在日本的生存状况和政治情势，通通从大众的记忆中消失了。这样的情形也意味着中国市场对于日本贸易与投资利益有了崭新的重要意义。

除了古典中国符号的附加价值之外，这些高级速食拉面的生产商也以生产流程中的材料差异作为解释其不菲定价的正当说辞。《现代周刊》刊登过一篇名为《高级速食拉面究竟哪里不一样？》的报道，文中分析了同一家公司推出的高级速食拉面与比较便宜的一般速食拉面之间的差异。该文作者发现，这些公司在制造高级速食拉面时，会使用更精密的机械设备，不但可以更准确地控制面团的湿度与温度，也可以延长揉面时间以增加面条的嚼劲。文章也指出，一般速食拉面都会使用盐、味噌或酱油搭配其他人工调味料，不过有一款高级速食拉面大肆宣传，称自己使用了"纯正牛肉汤底，采用真正牛肉熬制而成，成本提高在所难免"。另一家制造商也表示，"制作过程就跟烹饪正宗中式料理一样，而且综合了十种汤头，这真的非常费时费力"。[1] 无论是采用昂贵的食材还是绝对地道的烹调手法，这些主张都证明美食潮流已经渗入速食面市场。

高级速食拉面产品在市场上的成功，也代表消费者已经对量产食品心生厌倦，光是想想就会觉得厌烦。这些新产品在广告中强调的手作流程与精致用料营造出一种假象，即新型速食拉面已经克服了量产食品的问题。无论是选材、汤头调味，还是高级面条制作，消费者光是想象这些额外技术与功夫，就足以消除心中对这些日常消费品背后的制造商或制作流程所抱持的紧张感。

从能量补充变成了娱乐消费，拉面的意义一方面变得丰富多样，一方面也产生了一些矛盾冲突。尽管市场上出现了全国知名的拉面店与高级速食拉面，但日本上班族对这道料理的狂热，以及它作为抵制新兴的西欧美食风潮的代表的情势却有增无减。如此一来，有别于法国或意大利料理的高雅与铺张，拉面在美食年代的吸引力就在于其平易近人的疗愈料理定位。随着美食料理的报道篇幅逐渐增加，把男子气概和工业发展与体力劳动者的食物消费相关联，就成了日本高度成长期男性杂志上经常出现的隐喻。日本小报《朝日艺能周刊》（*Asahi*

---

[1]　"Kokyu ramen wa doko ga chigau noka," *Shukan Gendai,* November 27, 1982, 99.

*Geino*）中有篇名为《美食家快滚！》的文章[1]，便清楚地表现出拉面代表日本上班族固有男性特质的附加价值。这篇文章只是单纯地提供一些受到卡车司机欢迎的廉价食堂，不过笔调却明显与主流的美食文化形成对比。

拉面的紊乱之美也经常出现在电影中，并且获得赞赏。拉面在20世纪80年代之前就已经出现在许多电影中，其中又以小津安二郎所执导的电影最为著名。在他的电影中，拉面总是透过特定的角色与场景，传达出人物粗俗或谦卑的形象。然而，当伊丹十三（Itami Juzo）执导的喜剧讽刺电影《蒲公英》于1985年推出后，拉面在长篇电影中便拥有了统一的主题。

面对以法国与意大利料理为代表的高级美食热潮，拉面成了堕落情势之中的本土解药。电影《蒲公英》便企图通过视觉呈现，再次巩固手作拉面的地位，相对于高级欧洲料理那种高高在上又令人陌生的特质，拉面更显得平易近人。电影中有一幕场景，表现一群典型的日本上班族不自在地坐在一家法国餐厅用餐，这家餐厅便是美食热潮的象征。讽刺的是，这群人当中只有最年轻的同事——也是职级最低的那位——能够享受法国料理，因为全场只有他了解法国料理的菜色与上菜的服务流程。相较之下，唯有拉面店才是这些上班族能够开心又从容地享用食物的地方，既不矫揉造作，也没有无谓的竞争。

这部电影的主角蒲公英是一位在东京经营小型拉面店的寡妇，电

---

[1] "Gurume nante kuso kurae," *Asahi Geino,* October 16, 1986, 111–15.

影的主要剧情是一位卡车司机出言批评她煮的拉面难吃，进而下定决心指导她做出最美味的拉面。故事结局是这位寡妇的拉面店变得大受欢迎，而且经常出现在 20 世纪 80 年代风行的美食指南、杂志与电视节目上。

伊丹十三通过这部电影呈现出这道料理的今昔对照——过去不太光彩的料理，却在 20 世纪 80 年代掀起一股热潮，不论制作还是消费。考虑到当时围绕这道料理展开的各式爆炸性宣传（见前引河田刚的统计数据），导演伊丹十三采用拉面作为故事的主要线索，也强调了这道料理快速扩张的社会与经济价值。举例来说，电影以运送牛奶的货车司机副手阅读一本名为《拉面之道》的书作为开场，似乎是在影射《我爱拉面！！》这本出版于 1982 年的畅销著作。

这种对拉面高度吹捧的讽刺意味也相当明显，拉面在物质层面的低廉价值以及其足以唤起精神奉献的事实，都为这部电影提供了许多幽默效果。电影中有一幕经典场景，一位打扮成茶道大师的男人教导学徒食用拉面的正确礼仪，相比这道汤面的粗俗形象，以茶道／礼仪来应对，确实是一个相当幽默的桥段。如同饮茶文化也是从日常生活习惯发展而成的礼俗，伊丹十三的表现手法让我们了解到，吃拉面正是在这个时期开始成为一种习俗。另一幕讽刺设计是关于一位失业流浪的教授，也是一位拉面专家，他与其他落魄的朋友们一边捡拾高级餐厅的厨余一边对这些食物评头论足。

《蒲公英》借由这些场景引导观众思考投射在食物与饮食上的多重意涵，那绝不只是延续生存的工具（电影最后以婴儿吸吮母乳的画面为结尾即有此意）而已。伊丹十三针对不同食物与饮食方式所造成的武断社会意义与地位加以讽刺，并选择在美食热潮最盛行的时候拍摄这样的电影，说明当时在日本及世界各地，外出用餐已经成为一种对社会经济有着深远影响的娱乐形式。

对于那些有幸能利用电影、书籍与电视节目特别报道来帮助宣传的拉面店主而言，20世纪80年代是一个前所未有的扩张时期。在这样的背景下，拉面产业尤为引人注意的是，多数知名店家的营收最后都流入了负责烹煮这道汤面的年轻人手中。举例来说，1989年金融市场发展繁荣的高峰时期，东京最知名的拉面店之一"大胜轩"（Taishoken）曾因为支付新进员工40万日元的月薪而大受瞩目，相当于当时大学毕业生在大企业平均月薪的两倍。大胜轩的雇用对象仅限于35岁以下的男性，而且面试流程相当谨慎，一百名申请者中只有一名能被录取。[1] 另一方面，这些员工必须忍受每天十二小时的严峻挑战，除了面对脏乱（垃圾）、危险（烫伤）与疲惫（不断将面条沥干）的工作，上厕所的次数也会被限制，不过他们却也因此得以赚钱养家。这种提供给"非专才"劳动的超高报酬，也显示出当时拉面行业缺少年轻又可靠的员工，因为这些人在求职时不仅会考虑到报酬，还希望能进入像大胜轩这样盈利丰厚的名店。[2]

简单来说，20世纪80年代的高劳动力需求造成了大胜轩这种连

---

[1] 雇用条件中的性别歧视直到1999年日本《社会性别平等基本法》出台后才被禁止。

[2] "Chuka soba Taishoken de tsui ni gekkyu yonju man no kyujin hokoku," *Shukan Shincho,* September 21, 1989, 45–48.

基层员工也可以要求高薪的情况。然而到 90 年代，股市与地产的泡沫化引发了社会动荡与组织重整，大规模裁员出现，临时工与短期工暴增，大小公司企业的员工都要面对经济不安。稳定且薪水足够养家的全职工作机会在 90 年代开始锐减，经营拉面店以自行创业的生存方式也因此形成新热潮。由于经济发展疲软，资本再度流入少数人手中，制作拉面也成了失业人士在经济生存上的热门选项，这些因 20 世纪七八十年代劳动力不足而兴起的上班族通过制作拉面脱离了原本身处的社会政治系统。

20 世纪 90 年代，稳定又高薪的企业工作在组织重整之下大量减少，而独立经营的拉面店就在这样的背景下发展成为自立自强的创业选择。各式商业周刊开始刊登指导手则，帮助那些遭到解雇的人如何开设独立经营又能获利的拉面店，而且真的有不少人愿意尝试。日本商业周刊《DAKAAPO》中有篇文章提道：“不管是被解聘还是自己辞职，（你都可能会以为）‘也许我也可以开家拉面店’。然而，先等一下。开一间拉面店也许是快速又轻松的创业之道，但是这世界可没有这么简单。不过话说回来，如果你真的按部就班开设一间拉面店，那你真的就可以算得上是一位值得称赞的实业家了。”[1]

《DAKAAPO》这篇文章所提出的建议也显现出餐饮业的系统变化，那就是小型店铺越来越难进入市场，连锁店与分店的经营方式却变得越来越普遍。该篇报道最具价值的情报就是提供了一张“五种拉

---

[1] "Ramen ten no keizai gaku," *Dakaapo,* August 18, 1998, 95.

面店经营模式"的优劣分析表，以供创业者（理论上）参考。这五种
拉面店经营模式分别是：完全独立型、学徒独立型、学徒分店型、连
锁店加盟型及独立摊贩型。完全独立型是"最独立的，但面对的变
数也最多"。学徒独立型拉面店能提供"与本店一样的材料与口感，
但在调味上要有一定的独特创新"。学徒分店型靠"本店的名气与口
味吸引顾客上门，不过自由创新的空间却会受到限制"。连锁店加盟
"让生手也可以开新店，但是禁止任何形态的改变"。最重要的一种是
独立摊贩型（这一拉面摊贩曾于 20 世纪 20 年代末期到 60 年代早期
遍布各大城市的每个角落），"这种模式虽然自由程度最高，但是初期
要处理的问题也最多，像是找到摊位与申请许可。"[1]

　　该篇文章的作者花了很大篇幅分析各种店面经营模式的利弊，最
后在结论中提出，任何对拉面抱持强烈热情的人在选择经营模式时，
都应该以独立程度为优先考量。然而，对其他非拉面热爱者而言，连
锁店加盟型最适合求快、求方便的创业者。根据这篇报道，那些脱离
职场开始经营拉面店的上班族表示，自己经营一家崭新的店面会面临
很多意想不到的困难，这再次证明了连锁店加盟型是那些初期失业者
的首选。[2] 拉面与失业之间的关联变得越发清楚，而经营一家成功的
拉面店也被描绘成一种令人羡慕的独立经济事业。当日本年轻人寻求
稳定与全职工作的机会逐渐减少后，在媒体的大力吹捧下，拉面店的

---

[1]　"Ramen ten no keizai gaku," *Dakaapo,* August 18, 1998, 97-99.

[2]　"Ramen ten no keizai gaku," *Dakaapo,* August 18, 1998, 98-99.

独立经营者取得类似于实业家一样的地位。

## 汤面怀旧

　　1994 年开幕的新横滨拉面博物馆，也许就是这道汤面成为日本国民料理的最佳证明。新横滨拉面博物馆兼具博物馆、主题公园、餐饮中心三重功能，建设耗资 34 亿日元，盛大的开幕式使它迅速成为日本年轻族群与外国游客心目中的知名旅游景点。新横滨拉面博物馆大获成功之后，日本各地便掀起拉面主题乐园的热潮，像福冈的拉面体育馆、广岛的拉面横丁七福人与札幌的拉面共和国，都是这波潮流下涌出的拉面主题公园，这些地方也都以新横滨拉面博物馆为范本，将各地区的知名拉面店聚在同一个怀旧气氛的屋檐下。

　　游客可以在新横滨拉面博物馆的纪念品店购买到纪念版《拉面博物馆的缘起》一书，内容图文并茂，介绍该博物馆的经营者与员工们1994 年开幕前在设计与规划上投入的努力。书中表示，创办者的目标是要重新打造 1958 年的东京街区，馆内充满了复古的电影海报、电话亭、路面电车车站与招牌。博物馆将拉面赞颂为日本一般民众不可或缺的食物，也将拉面消费塑造为充满文化意涵的生活习惯，而这样的习惯深深植根于日本战后的历史之上。

　　20 世纪 90 年代，拉面被“追封”为经济高度成长期的象征，这一过程掺杂了很多浪漫化的想象。失去了原本为日本工业劳动力提供体力补充的经济目的之后，拉面成了用以激起对平等主义年代和战后痛苦挣扎的怀旧情怀的饮食娱乐象征。那些用于强化集体与平等主义过去的观念与物件，像"故乡"（*furusato*）与"手作"（*tezukuri*），都在这段时期突然出现，凸显出这些现象在日常生活中的重要性已经开始式微。[1] 也因此，在一家独立经营的小店吃一碗拉面，或是坐在摊位上吃也许更好，仿佛成了一种新形式的国民怀旧饮食，记忆中旧式消费的实践有助于舒缓快速社会变迁引发的焦虑。[2]

位于新横滨地区的拉面博物馆

---

[1] Jennifer Robertson, "Furusato Japan: The Culture and Politics of Nostalgia," *International Journal of Politics, Culture, and Society* 1, no. 4 (Summer 1988): 494–518.

[2] Marilyn Ivy, *Discourses of the Vanishing: Modernity, Phantasm, Japan* (Chicago: University of Chicago Press, 1995).

拉面博物馆的入场券

　　拉面大受欢迎的 20 世纪 80 年代，日本的地产业也相当繁荣。投资创办新横滨拉面博物馆的岩冈洋志是新横滨地区土生土长的居民，他用父亲在 80 年代投资地产赚来的钱建立了博物馆。新横滨拉面博物馆大获成功之后，岩冈洋志表示计划在美国洛杉矶创立一间类似的博物馆。他说自己的目标是要"介绍日本战后的饮食文化与日常生活，让世人更加了解日本"。他接着提到，"拉面的美味在那里也一样会大受欢迎"。[1] 尽管拉面博物馆在洛杉矶的分馆尚未开幕，但是

[1]　"Ramen no te'ema paku de machi okoshi o mezasu," *Keizaikai,* December 8, 1998, 80–81.

2000 年后拉面在纽约与洛杉矶掀起的热潮，也证明岩冈洋志对于拉面在美国市场的预测所言不假。

岩冈洋志创设拉面博物馆的初始原因是新横滨地区人口的猛增。新横滨区位于神奈川县横滨市港北区，在 20 世纪 80 年代算是东京的远郊。某份于 1990 年完成的研究资料显示，当时每天有超过 2.5 万名上班族在新横滨区吃午餐，这个数字让岩冈洋志有足够的信心冒险，在此创办一间附设停车场的大型饮食中心。岩冈洋志一开始的决心是要创造"足够的影响力，让这座博物馆成为这一新发展地区的地标"。[1]

当岩冈洋志与其他策划人员思考这个案子的可能性时，他们下定决心"绝不随波逐流开设任何意大利餐厅或法国餐厅，而是一定要突破当时的潮流，做些真正具备原创性的东西"。[2] 经过深思熟虑后，他们越发肯定拉面会是非常合适的主题。岩冈洋志表示：

> 如果仔细思考一下，就会发现拉面是真正的平民食物，而且在日本的许多地区都可以找到不同风味的拉面。此外，不论男女老幼都吃拉面，日本没有任何一个地方是找不到拉面店的。拉面是餐饮业的超级巨星。不只这样，拉面并不是那种红一阵子就过气的"明星"，而是那种民众会因为其真正实力而永远支持的"巨

---

[1] Graphics and Designing, *The Making of Shinyokohama Raumen Museum* (Tokyo: Mikuni, 1995), 9.

[2] Graphics and Designing, *The Making of Shinyokohama Raumen Museum*, 9.

星"。这正是我们决定以拉面作为本案主题的原因。[1]

　　当他们决定以拉面为主题时，策划人员开始思考整体概念，以及如何以这道汤面创造一座地标，而不单单只是一间餐厅。岩冈洋志与其策划团队认为，接触"大众"（*masu*）的最佳方式就是借用迪士尼公司的方式——建立一个主题乐园，让"世界各地的民众，不分老幼，都可以完全沉浸入迪士尼奇式的奇幻世界之中"。[2] 策划人员进一步解释他们的雄心壮志：

　　　　游客们可以在舒心的怀旧气氛中尽情享受，成人也会觉得回到了儿时的记忆之中。每个人在这个小镇里都有机会变成天真又充满好奇心的孩子。每个人都可以返老还童，并想起过去在黄昏夕阳下的空地上玩捉迷藏的时光，或是沉浸在玩牌、掷陀螺与打弹珠的记忆中。真正的孩子也会深深地被这种非凡的感受吸引。

　　　　除了怀旧感之外，人们也会在这里感受到心灵上的鼓舞，因为这里就是为了满足游客心中的明星梦而打造的地方。重新建造的"昭和三十三年（1958 年）小镇"就是一个实现明星梦的地方，正如安迪·沃霍尔（Andy Warhol）所说，"每个人都可以成名十五分钟"。[3]

---

[1]　Graphics and Designing, *The Making of Shinyokohama Raumen Museum*, 9.

[2]　Graphics and Designing, *The Making of Shinyokohama Raumen Museum*, 10.

[3]　Graphics and Designing, *The Making of Shinyokohama Raumen Museum*, 17.

安迪·沃霍尔的这句话在许多层面上都备具启发意义。这些策划人员对于童年记忆（随着陈述不断浮现）抽象的集体诉求，让这栋博物馆不仅成为怀旧情感的供应者，也变成了出租拉面摊位的商业场所。此外，尽管他们采用迪士尼的商业模式，试图从游客的心理层面下手，并让他们回到一种顺从的稚气状态，但拉面博物馆的奇幻魔力基于缜密再造的特定时间与地点，目的是让众多游客回想起过去的生活经验。这座博物馆以再造三十五年前的东京街景作为奇幻魔力的基础（正如迪士尼乐园以前现代时期的欧洲为蓝图），让我们看见东京街景是如何在这短短三十多年间出现了如此程度的变化。这座博物馆也证明我们需要为那些逐渐被遗忘的地方建立起一套与国家历史紧密相符的稳定叙事与系列形象。

创意团队的另一个重大决策便是该采用什么样的景象才能让主题公园栩栩如生。策划人员最后决定重新创造 1958 年的东京市区，因为那是"日本人最具元气的时期"[1]，既能重现高度成长时期工业劳动环境的场景，也是对市井小民为日本经济繁荣做出贡献的赞许。

为了重新创造 1958 年的东京市区街景，策划人员进行了相当广泛的研究。然而，策划团队人员却发现，昭和时期的第三个十年（1955—1965）"留下的历史资料并不充分明确，不论是资料的取得还是整合都变得相当困难，也因此，1958 年的东京景象成为了一段'失

---

[1]　"Showa 30 nendai ni taimu surippu!? 'Aishu no machi' no ramen wa hitoaji chigauzo," *Friday,* March 11, 1994, 42–43.

落的历史'。"[1] 如此一来，策划人员只能被迫从照片、杂志、书籍与影片中研究东京市区中改变较少的地区，像是根津、日暮里与月岛。等到博物馆内的场景设计、古物陈设与主题公园的架构搭建都逐步完成后，策划人员就为许多道具添上仿旧的质感，就像搭设电影场景一样，要么徒手加以破坏，要么抹上泥土弄脏。这些办法都是为了再现游客"心中期待的过去"。[2]

接下来，岩冈洋志与设计团队要重新创造 1958 年东京的假想街景，在场景中增添了店面、民宅与街上设施来呈现不久以前的东京景象。为了达成这个目的，他们也研究那段时期的人口统计，并据此杜撰了部分居民的户籍资料，其中包含了这些居民的完整姓名、家庭关系、职业与兴趣。从研究到实践的过程后来被编辑成了拉面博物馆的官方出版物——《日暮拉面小镇》，其中记录了策划人员杜撰的 1958年东京生活点滴。[3]

出版物标题中的"日暮"，指的是拉面博物馆每四十分钟就会用投影系统投射在天花板上的人造薄暮效果。如同拉斯维加斯的购物商场一样，这些设备的主要功能就是要为主题公园打造出沉浸式的环绕效果。除了黄昏效果，拉面博物馆的电脑系统也会时不时地播放不同

---

[1]   "Showa 30 nendai ni taimu surippu!? 'Aishu no machi' no ramen wa hitoaji chigauzo," *Friday,* March 11, 1994, 20.

[2]   "Showa 30 nendai ni taimu surippu!? 'Aishu no machi' no ramen wa hitoaji chigauzo," *Friday,* March 11, 1994, 23.

[3]   "Showa 30 nendai ni taimu surippu!? 'Aishu no machi' no ramen wa hitoaji chigauzo," *Friday,* March 11, 1994, 19.

的街道音效来制造气氛，像是猫叫声、乌鸦的叫声、电车路过的声响与电影宣传车的广播声。[1] 建筑研究者迈克尔·索金（Michael Sorkin）在《主题公园的差异：美国新城市与公共空间的终结》（*Variations on a Theme Park: The New American City and the End of Public Space*）一书中提到："这就是主题公园的意义，这个地方将一切具体化、非地理化（ageographia），监视与控制，永无止境的模拟。主题公园呈现出只有幸福样貌的欢乐假象，这全是取代真正大众公共领域的巧妙欺瞒形式，而且还剔除了那些让都市动荡不安的因子——没有贫穷，没有犯罪，没有脏乱，没有工作。"[2]

等到主题公园的各个部分都准备就绪之后，策划人员就开始着手策划博物馆的内容展示，主要分成六大主题——历史、背景、工具（道具）、科学、文化与情报。历史区着重介绍世界各地的面食，以及拉面在日本的源起、摊贩与喇叭的历史和速食拉面的发展。背景区主要展示不同地区各式各样的面条、汤头、工具与烹煮方式。工具（道具）区介绍贩售拉面时使用的碗、汤匙，以及用来烹煮面条与汤头的工具。科学区介绍碱水在烹煮拉面时起到的作用、拉面的营养成分、制面程序与发明速食面的技术。文化区介绍"拉面"一词的由来，同时也分享了许多与拉面相关的小说、电影与漫画，还有许多热爱拉面

---

[1]　"Showa 30 nendai ni taimu surippu!? 'Aishu no machi' no ramen wa hitoaji chigauzo," *Friday,* March 11, 1994, 34.

[2]　Michael Sorkin, ed., *Variations on a Theme Park: The New American City and the End of Public Space* (New York: Hill and Wang, 1992), xv.

的名流。情报区为参观者提供许多知名与非正统拉面店的资讯，还有速食拉面的食谱。[1]

拉面博物馆的历史区提供了将拉面整合进国家叙事的主要架构，方式是通过三大元素——异国内化、速食出口与区域差异评价。这座博物馆以小菅桂子1987年的专著作为建构依据，明确将拉面的历史呈现为单一主体、注重民族性的论述。小菅桂子强调日本将异国饮食巧妙内化的重要性，而拉面博物馆也反复强调这些事实，这些叙述将拉面有效深植于日本（仍在发展中的）战后印象中。

日本速食拉面产业在全球市场的成功，以及主导战后时期市场的拉面产品线的复杂历史，也是博物馆历史区的另一个主题。博物馆将各式速食拉面产品线的发行日期视为历史重要事件，并且按年代顺序展出，显示大众消费主义已经赋予了国家的过去以新意义。

拉面历史区的最后一部分讲述了日本不同地区的汤面发展及其在当地发展的历史故事。近来汇整而成的各地拉面历史让我们了解到，日本各个城市都有其独特的拉面料理方式，以及关于特定拉面师傅的传奇色彩。这部分的展示不仅着重在那些战前就已经出现拉面的城市，像札幌、喜多方、佐野与东京浅草区，也介绍了一些后起之秀，如旭川与和歌山。该展区通过多元来体现共性，强调了该料理在现代日本无所不在又容易取得的特质，如此一来，拉面就成为现代国家本身的消费象征。拉面在区域差异上享有的声望，也显示出食物选择与

---

[1]    Michael Sorkin, ed., *Variations on a Theme Park: The New American City and the End of Public Space* (New York: Hill and Wang, 1992), 49.

新横滨拉面博物馆的纪念品店

饮食习惯在过去三十五年间所呈现的标准化趋势。

　　博物馆最有趣的展品之一，就是明星食品公司推出的漫画角色"喇叭欧吉桑"。这个角色从 1966 年起成为该公司速食拉面的广告形象，是以战前与战后早期的推车摊贩为原型设计的。"喇叭欧吉桑"的漫画角色陪着明星食品度过了日本推车摊贩没落期，也经历了拉面广告中以日本元素为主题的时期。这尊真人大小的人偶在东京街头的摊贩消失之后在博物馆中再度出现，凸显了展示所代表的传承精神。

　　拉面博物馆早在正式开幕前便引起媒体注意，其整合美食中心、主题公园与博物馆的创新想法，吸引了全日本各大主流媒体的采访报道。由于 20 世纪 80 年代与 90 年代早期各地大众媒体对拉面主题的喜爱，以及拉面转型成为年轻族群的流行饮食趋势，因此拉面博物馆的开幕消息在媒体界形成一股热潮。

拉面博物馆的策划人员早在规划之初就决定不花太多预算打广告，因为他们那时候就已经料到拉面博物馆这个话题本身就会吸引很多免费的宣传。该公司在宣传活动上的支出是 1200 万日元，但是却创造了价值约 15 亿日元的宣传效果，特别是开幕时价值近 1.6 亿日元的新闻报纸报道、近 1.4 亿日元的杂志报道，还有广播电视价值约 12 亿日元的放送。此外，超过 80% 的媒体免费宣传都在 1994 年春天出现，也就是拉面博物馆开始营业的前三个月。[1]

报道拉面博物馆开幕的相关文章大肆宣传赞美，让潜在客户了解了这座饮食主题乐园的新颖性与趣味性。举例来说，写真周刊《Friday》于 1994 年 3 月 11 日刊登的报道《短暂回到昭和三十年代？“怀旧忧愁之城”的拉面新风味》，其中写道：

> 眼前的景象仿佛回到了过去，很可能会让老人回忆起童年，然后被涌上心头的情绪淹没。一整排怀旧商店重新出现在眼前，那不是什么电影场景，而是新横滨地区即将于 3 月 6 日开幕的拉面博物馆。博物馆的总裁岩冈洋志直言自己就是一位拉面热爱者，他表示：“我觉得日本这样的拉面超级大国竟然没有一间以此为主题的地方，真的很奇怪。”
>
> 博物馆中的时间永远设定在黄昏，太阳缓缓西下，肚子渐渐

---

[1]    Michael Sorkin, ed., *Variations on a Theme Park: The New American City and the End of Public Space* (New York: Hill and Wang, 1992), 61-64.

饿了。你可以听到孩子的嬉笑声与叫卖豆腐的广播声，接着会隐约地闻到店里传出的拉面香。没有意外，你会走进一间拉面店。街道上的熙攘声音全都是电脑制造的效果，背景音乐也为享用拉面增添了另一番氛围。

中年人会沉浸在这样的怀旧气氛之中，而年轻人则可以像参观游乐园一样认识那个时期的样貌。然而，价钱并不可以同日而语，这点请不要忘了。[1]

这篇文章刊登之后，多数关于拉面博物馆开幕的新闻也倾向以赞扬的口吻进行报道。然而，对于自视为拉面热爱者的人来说，这种迪士尼式的假象经常代表着民族文化被商业稀释，并围绕着该料理在神圣化之下的独立制作打转。拉面鉴赏家里见真三（Satomi Shinzo），同时也是拉面研究协会的共同董事，便在1994年7月号的《文艺春秋》撰文提到这样的情形。里见真三先是表明了自己想要研究拉面博物馆的动机："我自己就是一位拉面热爱者，过去十年间造访超过2000家拉面店，但是我这么做并不是想要成为那种根据美味程度给予星星评鉴的美食评论家。相反，我以图像的方式谨慎观察'日本式美感'的呈现。"[2] 他接着描述那些排队等着进入拉面馆的男女老少，"看起来就像是电影《夜与雾》（*Night and Fog*）中描绘的奥斯威辛集中

---

[1] "Showa 30 nendai ni taimu surippu!?," *Friday,* March 11, 1994, 42–43.

[2] Satomi Shinzo, "Yokohama 'Ramen hakubutsukan' gyoretsu no kai," *Bungei Shunju,* July 1949, 308.

营的画面"[1]。里见真三在等了一小时十八分钟才进入博物馆，之后他
还要再等上一小时才有办法吃到八家拉面店中的一家。他也提到超现
代化的博物馆门票贩售机器与馆内企图营造重回 1958 年东京街景之
间的不协调，接着便开始抨击洗手间大排长龙、纪念品店贩售毫无意
义的礼品、潮湿的室内环境（虽然馆内禁烟），以及馆内特设商店贩
售可以打包回家自己烹煮的速食拉面等现象。然而，最让他无法接受
的是民众愿意为了一碗拉面在博物馆里的名店分店门口排队超过两小
时，而该知名拉面店的本店距此不过几站车程。他评论道："我们就
这样排了两个多小时，连一杯水也没有，但是这些人好像乐在其中。
这群人到底是怎么了？他们究竟是拥有什么样的心理结构？真的有必
要为了一碗拉面而吃尽苦头吗？"[2]

　　里见真三也相当不满拉面中的猪油含量在过去十年间不断增加。
他强调，拉面汤头在 20 世纪 80 年代中期开始出现了用料上的变化，
进而成为年轻族群间的流行饮食。里见真三特别指出了大众对提供豚
骨汤底的店家的偏爱，因为这样会让猪油含量增加，完全有别于东京
荻洼拉面那种口味较淡、汤头清澈的传统拉面汤底。他认为那些喜欢
（猪油）汤头的人"往往精力充沛，而且倾向拥有不屈不挠甚至些顽
固的性格，这也使得他们愿意为了一道油腻的料理耐心等候"。[3] 里

---

[1]　Satomi Shinzo, "Yokohama 'Ramen hakubutsukan' gyoretsu no kai," *Bungei Shunju,* July
1949, 309.

[2]　Satomi Shinzo, "Yokohama 'Ramen hakubutsukan' gyoretsu no kai," *Bungei Shunju,* July
1949, 309.

[3]　Satomi Shinzo, "Yokohama 'Ramen hakubutsukan' gyoretsu no kai," *Bungei Shunju,* July
1949, 311.

见真三又说，由于高猪油含量的拉面受到欢迎，每间拉面店都开始提高猪油含量以期在竞争中获胜，新开业的拉面店家会欺骗无知的消费者，让他们以为汤头越油腻就越美味，最后还要收取野蛮夸张的价格。此外，里见真三也点出新拉面店味精添加过多的现象，他认为只有少量添加味精才可以被视为"秘密配方"。[1] 里见真三就以这样的方式，抱怨追随拉面潮流的人欠缺成熟独立的拉面鉴赏认知——他们只爱又油、又咸、又过度调味的汤头，不仅贬抑了这道料理的地位，也模糊了拉面的细腻特质。

　　然而，里见真三的文章其实透露出拉面叙事中一种新型公共人物的兴起，那就是受不了这道中式汤面被商业化的拉面纯粹主义者。里见真三在结论中警告，过多的关注反而会为赞赏对象带来毁灭，因此他呼吁世人要稍加控制对拉面的热爱。不过奇怪的是，比起真正让他心中这道平民料理变得粗鄙的拉面博物馆创始者，里见真三反而将矛头指向了那些轻信媒体潮流的消费者。对他而言，有别于荞麦面更为崇高的地位，拉面的价值始终源自其"街头料理"或"B级料理"的地位。[2] 他主张：

　　　　日本的国家特产"荞麦面"才是真正充满精致消费习俗的"A

---

[1] Satomi Shinzo, "Yokohama 'Ramen hakubutsukan' gyoretsu no kai," *Bungei Shunju,* July 1949, 312-13.

[2] Satomi Fukutomi, "Connoisseurship of B-Grade Culture: Consuming Japanese National Food Ramen," PhD diss., University of Hawai'i, 2010.

级"食物。此外，如果你不认识各地区荞麦面粉的差异，那么专家就不会认真看待你的想法，因为荞麦面粉的等级与制作面条的厚度有着极重要的关联。反过来看，拉面就没有这种繁文缛节。再者，不管话题讨论再怎么热烈，讨论背后也不会有任何暗地轻蔑对方或是号称自己是鉴赏家的事情发生。这不过就是种单纯的娱乐罢了，那也是拉面会成为国民料理的原因。[1]

尽管里见真三如此表示，但考虑到他身为拉面"图像民族学者"的职业背景，他的发言与态度却显得极为讽刺。他的工作正是在这道料理转变成为专门技术的过程中形成的，尽管他对此发展深表惋惜。里见真三也表示，我们可以从拉面消费、拉面材料组成的变化中看到日本人口的区隔特征已经发生改变，以及日本经济支柱产业从第二产业（工业）移转到第三产业（服务业）所带来的相关社会转型。在这一转型时期，拉面的象征性地位得到提升，并在日本与其他工业化世界正在发生的总体经济转变之中找到了一席之地。拉面被追溯为全球化开始的 20 世纪 60 年代初期体力劳动者的文化象征，因此也是值得举国赞颂的料理。

---

[1]　Satomi Fukutomi, "Connoisseurship of B-Grade Culture: Consuming Japanese National Food Ramen," PhD diss., University of Hawai'i, 2010, 310.

## 拉面汤头的新潮流

2000 年代初期，日本掀起另一波鼓吹传统拉面的拉面店，选料上使用更多海鲜及国产面粉、猪肉、鸡肉与盐，以满足那些认为豚骨拉面太油太咸的顾客的脾胃。前一波潮流中因受到年轻人欢迎而普及的豚骨拉面渐渐失宠，较清淡的汤头吸引到了一些新的族群，像老年人口与年轻女性，并乘势发展起来。

名厨佐野实（Sano Minoru）在神奈川县藤泽市的成功，为自己争取到了拉面博物馆中令人称羡的店面，也为自己开启了在电视上扮演超有性格的拉面师傅的职业生涯。佐野实在日本美食热潮期间开始在东京都市中心地区接受料理训练，他先是在西式餐厅当了八年厨师，1986 年才开始在藤泽市经营自己的拉面店。20 世纪 80 年代末期拉面兴盛，佐野实也在这时凭借手艺建立起名声，接着于 2000 年在拉面博物馆开设分店，最终于 2004 年关闭了藤泽市的本店。

不管在选料、训练学徒还是管理顾客行为上，佐野实都相当严格，并因此获得了"拉面之鬼"的称号。他的性格正是典型的固执日本老头，而这种形象一直都被电视节目与杂志文章当成英勇事迹报道。佐野实就以这样的厨师特质为自己的拉面店建立起名声，成为传统东京拉面的最佳代言人。

佐野在店内挂上了各式各样的规矩，以此来展现他的严格与固执。拉面店的内墙上标语四处可见，"严禁窃窃私语！""严禁香水过

浓！""严禁浪费食物！"等等。[1] 佐野实严格实施这些规矩，就算
因此赶走客人也在所不惜；又或是哪天汤头和面条没有达到他设定的
高标准，当天就不会开店营业。这些行径都让他的知名度水涨船高。
因此，在大众媒体眼中，佐野实与其他经营独立拉面店的名厨都被视
为经济自由与族裔文化正义的化身，以应对资本高度集中、企业组织
化与劳动者权益被削弱的全球性发展。

　　佐野实首席拉面师傅的地位也在他坚持尽可能使用国产原料的理
念下得到巩固。他在刚入行时就决定结合使用制作意大利面的杜兰小
麦来制作面条，也就是只使用日本当地种植与磨制的面粉。像这样尽
可能选择国产材料的采购方式，也是他的另一项宣传重点。[2]

　　佐野实的崛起意味着日本又一类新型公众角色的兴起，即明星拉
面师傅。佐野实于 1999 年至 2003 年间以"顽固老头"（*ganko oyaji*）
的形象成名，成为日本 TBS 电视台"真剑胜负！"节目的固定来宾。[3]
该节目有一单元部分名为"拉面道"，就是由佐野实带领独立拉面店
的经营者，通过严格训练与创意思考来振兴生意。他在节目中常常
以怒吼与丢掷拉面相关器材作为激励学徒的方式，并因此获得了
"拉面之鬼"的称号，而易怒又诡异的性格便是他对这项技艺的付出

[1]　"Teiban Shina soba kara Wakayama, Asahikawa made 'kotoshi kaiten shita ramen ya' umasa de eranda 50 ten," *Shukan Gendai,* December 15, 1998, 200–204.

[2]　日本的粮食安全率（即日本粮食生产自给自足的能力）从 1960 年的 89% 平缓降至 1998 年的 40%，自此之后的几十年里，日本一直维持在此水平，尽管政府出台了许多政策提高粮食自给的能力。见日本农林水产省报告，www.maff.go.jp/j/zyukyu/fbs/dat/2-5-1-2.xls。

[3]　"Gachinko," used in the world of sumo wrestling, connotes an intense bout.

的证明。

佐野实对于国内农产品与旧式教条的鼓吹，也在 2009 年为自己争取到与日本农林水产省的合作。农林水产省赞助佐野实在拉面同业贸易协会举办的"东京拉面展"中推出"纯国产拉面"的摊位。[1] 该展位将农林水产省推广国内食品消费以减少日本对进口粮食依赖的诉求，与佐野实平时在电视节目与日常经营中坚持使用国内原料制作拉面的精神相结合。佐野实是农林水产省提高粮食自产自足率计划的最佳代言人，因为他长期以来最为人称道的就是对于店内制作拉面所需原料与负责人的关注。这项宣传计划试图让大众注意到日本逐渐下滑的自产自足率，该数字已经从 1965 年的 73% 下降到 2010 年的 39%。[2]

这一时期，媒体津津乐道的拉面经营者，并非只有佐野实。岐阜县"红华拉面店"经营者的安藤捷夫（Ando Shoken），就是另一位专精拉面制作的顽固老头型人物。周刊《Sunday 每日》曾经刊登过一篇报道介绍安藤捷夫的拉面店，内容是饮食作家山本水绘（Yamamoto Mizue）造访他经营的面店，并与店内的忠实顾客谈论他对于这道汤面料理的哲思。山本水绘提道：

> 安藤捷夫的汤面汤头比较浓，而且也不那么清澈。正因为如此，有些客人一开始可能会不敢尝试，不过只要浅尝一口就会知道，

---

[1] Hayamizu Kenro, *Ramen to aikoku* (Tokyo: Kodansha Gendai Shinsho, 2011), 224.

[2] 更多统计数据，见日本农林水产省网站：www.maff.go.jp/j/zyukyu/zikyu_ritu/012.html。

这可不是一道普通的料理……有些客人提道："这道料理吃多了就会变成一种习惯，然后就会开始思考，是不是有什么秘密食材呢？因为一旦习惯了这个味道，其他家的面就会变得非常乏味。"安藤捷夫则回应说："这道料理真的没有什么稀奇的地方，就是一道细心烹煮的旧式料理罢了。"[1]

安藤捷夫以"旧式"这个字眼来形容自己的料理，唤起了世人心中对于小规模独立拉面店应有形象的记忆。这个形象也因拉面博物馆的设立以及媒体文章对脱薪族浪漫化描写的推波助澜而蔚然成风。山本水绘对安藤捷夫工作态度的赞扬，乃是基于拉面师傅应该重视诚实的工作态度与其对社会所带来的影响，盈利动机则是其次。就像其他老派人士一样，安藤捷夫的营业时间依据准备汤头的多寡而定，而不是制式的营业时间，只要当天准备的汤头用完了，他就打烊休息。然而，最重要的是制面师傅严谨的工作态度为食客带来的影响。安藤捷夫的行为代表着旧时代的工作态度——对工作乐在其中，这与拉面博物馆为拉面支持者营造"预期的过去"一样，引发着同样的情感。就两者而言，一碗面的吸引力已经不只是风味的问题，更是涵盖了一种集体的过往记忆——平等、无私、勤奋与高标准。安藤捷夫表达了自己的老派精神，确认其"顽固老头"的地位，并为自己的面店赢得了流行杂志中两页篇幅的特别报道。

---

[1]    Yamamoto Mizue, "Aji o kitaeru: Shina soba 'Koka,' " *Sunday Mainichi,* November 26, 2000, 143.

20 世纪末与 21 世纪初还出现了一波由 20 世纪 70 年代出生的人所经营的面店，这些店名都有着与日本历史相关的思古之情。举例来说，1997 年成立的"武藏面屋"（Menya Musashi）便是以日本 17 世纪二天一流剑道始祖宫本武藏（Miyamoto Musashi）为名。创办者山田雄（Yamada Takeshi）有感于宫本武藏自学武术，自创剑术，经历无数试炼与失败而终致成功的故事，决定以武藏为名开店。[1] 如同"武藏面屋"，多数在 20 世纪 90 年代末期创立的拉面店，店名中都已经不再使用"拉面"二字，而是改为更具日本传统风格的命名方式。此外，不仅是命名上的改变，新型拉面店的装饰也不一样了。过去高速成长时期挂在店门口的红白色暖帘已不复存在，取而代之的是紫色与黑色的暖帘，上面还印着书法。拉面作为民族象征的地位就在这样的方式之下逐渐强化，店内装潢的色系使用上也少了些中国风，而增添了更多日本气氛。

日本年轻族群网络使用的普及也深切影响着 20 世纪 90 年代新型拉面店的发展，几乎可等同于 80 年代拉面专著与赏味指南为拉面产业带来的影响。特定店家的支持者在网络上交换讯息，并且以排行榜的形式评比心中最佳，以供其他有兴趣的人浏览。经营者则可以借此了解其他拉面店的受欢迎之处，进而推陈出新，比如 2005 年出现的和风拉面（一款以鱼汤为底的拉面）。传媒学者兼拉面专家速水健朗指称，日本网络之所以能够发展成一种社群媒体，拉面产业功不

---

[1]　Hayamizu, *Ramen to aikoku,* 251.

可没，两者前果后因而非前因后果。（与此类似，他还提出，实景真
人秀节目实际上在增强人们对熟悉的生活现实的感受力，而非反之
亦然。）[1]

20 世纪 90 年代，拉面发展成为日本料理与都市年轻族群文化的
全球标准化身，这一点在拉面店与其员工的形象改变上体现得最为充
分。拉面与中国脱钩并脱胎重塑成日本料理，最明显的变化就是拉面
师傅的制服。日本经济高度成长期的拉面店经营者通常会穿着制式的
白色厨师服，并戴上中国厨师的锥形帽子，那是向中国起源致敬的
方式。然而，到了 20 世纪末期与 21 世纪初，那些年轻拉面师傅主要
受到博多"一风堂"（Ippudo）创办者河原成美（Kawahara Shigemi）
的影响，纷纷开始穿上日本僧侣的工作服，也就是所谓的"作务衣"
（ *samue* ）。拉面师傅的服饰改变意味着拉面已经超越了中国料理师傅
的形象，成为带有禅宗意味的日本匠人形象。这种服饰通常是日本陶
艺或其他传统技艺的匠人师傅才能穿的，一般都是紫色或黑色。18 世
纪时只有日本匠师才能穿作务衣，在拉面于 20 世纪 90 年代被重塑成
为日本国民料理之前，拉面师傅也不可以穿这种服饰。

新一波拉面风潮中的另一项实质变化，就是使用大块墙面展示
店主创作的诗词或人生哲理，借此展现他们对于制作拉面的严谨态
度。这个风俗开始于东京著名电子商圈秋叶原的名店"九州江格拉"
（Kyushu Jangara），其店主下川高士（Shimokawa Takashi）在 1984 年

---

[1]   Hayamizu, *Ramen to aikoku,* 196.

成立第一家店面时就亲手在墙上写了一首诗，这种做法在后来的每家分店中都延续了下去。[1] 那是一首激励人心的诗，教导用餐者要勇于编织梦想，并且努力工作以实现梦想。创作拉面诗与人生哲理在 20 世纪 90 年代推广到其他店家，2000 年后，明星大厨出书分享人生哲学与成功秘诀甚至成为趋势。举例来说，佐野实以及河原成美，分别在 2001 年出版了关于制面哲理的专著，而东京东池袋"大胜轩"的创办人、蘸面（*tsukemen*）的发明者山岸一雄（Yamagishi Kazuo）的专著也在 2003 年出版。关于拉面哲理的出版物在多数日本书店里都可以找得到，而这些著作更加巩固了明星店主的光环。他们有着独立实业家的公众形象，并且能够以小额投资、勤勉精神与创新思维来创造追随者。欠缺稳定工作机会的日本年轻人是这些人的主要赞颂者和追随者，借由自己的拿手汤面，大厨们在年轻食客的殷殷期盼中走向成功。

　　新一代的拉面从业者改造更新店内环境以融入 20 世纪 90 年代末期的气氛，拉面店内也开始出现爵士乐、雷鬼、节奏蓝调与饶舌等音乐类型。日本年轻族群对美国饶舌音乐的崇拜，部分是由于其对抗主流社会形态的本质特征，而那些在对现实感到失望的非裔美国人所创作的歌词下成长的年轻客户（食客与乐迷），自然会成为含有这些流行元素的新型拉面店的常客。[2] 如此一来，重塑拉面店所影响到的不

---

[1]　Hayamizu, *Ramen to aikoku,* 241.

[2]　Ian Condry, *Hip-Hop Japan: Rap and the Paths of Cultural Globalization* (Durham, NC: Duke University Press, 2006).

仅是那些变得精致又昂贵的汤面，还包含了消费拉面时所体验到的声音、思维与视觉感受。此外，这种体验中的每一种新构成都巩固了拉面在日本流行文化、年轻群体与国家认同方面的指标性地位，逐步而有效地重新塑造何为"日本"。

　　拉面专门店在 20 世纪 90 年代末期的特有日式装潢，明确地标示了日本年轻世代与他们对国家历史认知之间的新关系。根据媒体评论家与拉面学者速水健朗的观察，研究日本年轻拉面师傅与其追随者的历史，并不是以该生活习惯究竟是原本就存在，还是近期内发展而成，或者完全出自人为创造来区分的。真正重要的是该物件或习惯的表象深植于国家文化传统中的某种元素，类似于真实与真人秀节目之间的关系。

# 第五章

## "本月主打"

### 美式拉面与"酷日本"

纽约时代广场的日清食品广告牌

直到 2000 年，美国人才知道可以在餐厅里吃到拉面。而没有生活在有众多日本移民的城市里的美国人，在 2013 年之前都很难吃到一碗拉面，即便能够吃到，那些 40 岁以上的人也会比较犹豫，不愿意尝试。尽管美国人对于拉面的认知可以追溯至 20 世纪 70 年代早期，也就是日清拉面在美国推出"顶级拉面"产品线的时候，但是直到最近十几年，各式各样的堂食拉面才随着纽约、洛杉矶等地新式拉面店的成功进入美国民众的视野。在美国，拉面被视为一道流行的、属于年轻族群的料理，来自又酷又对美国经济"无害"的日本。

1980 年至 2000 年，日本国内努力将拉面塑造为国民料理以服务于其新的功能，即将拉面重新包装出口，以满足那些吃腻了寿司、照烧鸡肉却又渴望"正宗日本味道"的外国消费者。日本人在纽约的拉面店里呈现给美国消费者的"日本"形象，以及年轻拉面师傅在日本国内拉面消费中传达出的"日本传统"快速融合，催生了一系列与日本历史或拉面历史有脆弱关联的象征与事物。日本传统的面貌因为对一道料理有意识的重新包装而改变，这道料理在过去原本属于生活艰困的劳动者，现在却展现出一种与世界联结的新样貌。这种转变也说明，日本年轻人或非日本人与日本历史的关系出现了新的模式，视觉、听觉与味觉取代了文献、事件与思考。换句话说，拉面师傅的诗作、有佛教元素的工作服、严守规矩的态度，都成为与抽象的民族传统产生联结感的充分标记，不仅对那些崇拜东方思维的外国人来说是如此，对于日本人本身也是如此。

2000 年后的拉面潮正好发生在 20 世纪 90 年代初期贸易战达到高峰的十年之后。日美两国当年的争端源自美国对日本贸易逆差感到不满，不过这样的情势又因为 20 世纪最后十年和 21 世纪第一个十年日本经济陷入长期萧条、美国经济复苏而淡去。美国大众媒体也在这个时期开始欣赏起日本的流行文化，而不像过去只是关注其经济与高级文化。在这一转变之下，日本慢慢褪去 20 世纪 70 年代的"经济动物"（economic animal）形象，成为与西欧齐名的时尚与文化趋势的摇篮。20 世纪 90 年代末期之后，美国的年轻族群在日本流行文化的影响下成长，像插画艺术（《千与千寻》《神奇宝贝》等动画）、服饰品牌（BAPE、优衣库等）、饮食（松久信幸 [Matsuhisa Nobu] 的"Nobu 餐厅""Koi 餐厅"），皆为拉面在纽约与洛杉矶这样的美国大城市中普及做出了贡献。通过这样的出口与全球化，拉面成为一种超越国界、代表年轻文化的时尚料理，而其日本国民料理的形象也随之增强。正当美国饶舌音乐通过一小部分时髦的都市青年渗透进日本公众视野中时，拉面也在美国掳获了居住在已经士绅化的都市社区里的年轻人与流行追随者。

2000 年后，拉面在纽约与洛杉矶掀起的风潮，主要推手是美国年轻的新世代，其中很多人有亚裔背景，或从小就开始广泛接触日本流行文化。尽管专门供应给日本游客与日本外派人士的拉面店早在 20 世纪 70 年代就有了，如 1976 年在洛杉矶开张的"后乐拉面"（Ramen Kouraku）与 1975 年在纽约开店的"札幌拉面"（Sapporo Ramen），不过以美国年轻世代为主要顾客的新型拉面店却是在 2000 年后才出现的。年轻人在拉面店中期望接触到的"日本料理"，是他们早就因为漫画与动画而熟悉的日式料理。这些输出到美国的新型拉面店与上一代的日本铁板烧餐厅或寿司店形成强烈的对比，这些日本厨师已经不再愿意将晚餐当作一场表演，也不想要讨任何客人的欢心，他们只想用自己的方式工作。具体而言，他们拒绝开口说英语，而一碗手作汤面就是他们传达工作价值的方式。

美国媒体在报道拉面时，经常会以电影《蒲公英》以及其呈现拉面在日本饮食文化中的地位作为开场。导演伊丹十三在电影中以讽刺的手法吹捧拉面，这也是美国人对拉面这道已经民族化的日本料理的认知起点。2003 年电影《迷失东京》的大获成功也让 21 世纪初的美国人加深了对拉面的认知，该电影让观众看到了美国对日本的崭新描绘——一座兼具时尚、城市性与莫名喜感的国际中心。《洛杉矶周报》（*LA Weekly*）于 2004 年刊登过一篇名为《迷失蒲公英》（*Lost in Tampopo*）的报道，文中直指拉面在洛杉矶的年轻潮流领袖之间引起广泛的兴趣，而其中提到了"大黑家"（Daikokuya）这间将拉面引入当地的名店。该文作者、饮食作家乔纳森·戈尔德（Jonathan Gold）

这样写道：

　　多数在美国营业的日本餐厅都倾向于呈现明治时代的高雅感或如今东京的超时尚感，但是"大黑家"餐厅看起来却像是一连串今村昌平（Imamura Shohei）导演的电影画面，店内满是生锈的广告栏与泛黄的战后电影海报，再加上直背式的人造皮餐桌椅，仿佛是直接从老式咖啡店搬过来似的，还有数不清的马克杯与朝日生啤加以装饰。

　　这些厨师们可能都还是南加大电影学院的学生，不过他们站在沸腾的拉面汤锅后面的模样，看起来还真有点像不良一族——蓄着一撮凶狠的胡子，头上顶着狂乱的发型，再加上复杂的爬虫类刺青，在汗水的浸透下更显得栩栩如生。电视机在餐厅另一头闪烁着，放的多半是一些肥皂剧。餐台在午餐时段总是挤满当地的高中生，穿着打扮个个时髦无比；而一等到下班时段，除了球鞋之外，这里只有黑色的服装，而球鞋还有可能是从耐克博物馆租来的稀有款式。再说到那些沾上污渍的菜单，上头印着黑色的中世纪字体，看起来就像是从旧货铺拿来的东西……

　　如果大黑屋是"50年代咖啡馆"（Cafe 50s）或"尊尼火箭"（Johnny Rockets）这种新复古怀旧风汉堡餐厅的亚洲版本，其中所有看来笨拙的重制符号在那些体验过真正原版的人眼中却显得矫情，那我真的不想要再听下去了。因为从这个角度来看，这家餐

厅看起来就跟在日本一样！ [1]

戈尔德针对"大黑屋"复古符号的见解及其与笨拙的"尊尼火箭"之间的比较，都相当引人注目，因为两者都显示出日本都市的样貌与美国并无天壤之别，反而是可以对照的东方版本。对于怀旧的渴望被视作美国人与日本人都熟悉的一种现象，而面对由拉面店引起的年轻消费者流行文化，作者既想积极参与，又带着些许羞怯。对拉面店员工和顾客的描述也透露出他对日本地下社会的符号和故事有基本了解。拉面店便通过这样的方式反映着日本的新形象——以设计、饮食与艺术支撑的品位养成国际中心。[2] 日本现在变酷了，而美国人也谨记在心。

2004 年，大卫·张（David Chang）的"福桃面吧"（Momofuku Noodle Bar）与镰田成人（Kamada Shigeto）的"明卡拉面工厂"（Minca Ramen Factory）在纽约东村掀起了一阵拉面热潮。大卫·张本身是韩裔美国人，曾经在美食频道明星厨师汤姆·柯里奇欧（Tom Colicchio）创办的"Craft Restaurant"餐厅当学徒。大卫·张开设了第一间美式拉面店，食材选用培根、猪肘、鸡腿肉与猪骨，汤底中还加了清酒。[3] 他以日清食品公司创办人安藤百福的名字为这家

---

[1]  Jonathan Gold, "Lost in *Tampopo*," *LA Weekly,* April 30–May 6, 2004, 56.

[2]  Douglas McGray, "Japan's Gross National Cool," *Foreign Policy* 130 (May–June 2002): 44–54.

[3]  Julia Moskin, "Here Comes Ramen, the Slurp Heard Round the World," *New York Times,* November 10, 2004.

高级拉面餐厅命名（"Momofuku"除了"百福"之外，也可以写成"福桃"）。然而，就像安藤百福从不承认自己当初为公司起名为"日清"，是与当时的巨业日清面粉公司有关，大卫·张也宣称自己选择"Momofuku"单纯是因为其有"幸运桃子"的意思。

《纽约时报》（*The New York Times*）2004年底的一篇半版附图报道确认了美式拉面风潮的到来，斗大的标题写着"拉面来了，世界各地都听得到呼噜呼噜的声音"（Here Comes Ramen, the Slurp Heard Round the World）。《纽约时报》的报道显然是针对年纪较大的群体，而茱莉亚·莫斯金（Julia Moskin）在这篇文章中花了不少篇幅比较速食拉面与拉面店（拉面）的差异，后者受到日本外派人员的"疯狂热爱"，"吃的时候就要发出呼噜呼噜的吸面声音，越大声越好"。莫斯金在文中称拉面让我们"一碗见日本"，她提到"这是一道国民料理，比寿司便宜，随处可得，而且永不退潮"。[1] 如同《洛杉矶周报》的那篇报道一样，这篇文章也呈现出拉面与时尚、年轻、都市化的日本之间的坚实关系，这是茶道与枯山水庭园艺术所无法比拟的。

莫斯金的报道也提到了纽约"明卡拉面工厂"拉面店经营者镰田成人。文中提到镰田成人以前在日本是一位爵士音乐家，品尝各地风味的拉面是他的兴趣，因此便自己开了拉面店。镰田成人在访问中表示："我是到了纽约之后才开始制作拉面的，单纯就是因为想吃，没

---

[1] Julia Moskin, "Here Comes Ramen, the Slurp Heard Round the World," *New York Times,* November 10, 2004.

有拉面就活不下去。"莫斯金表示，"像他这样的人其实并不少"。[1]
这篇文章也提到拉面博物馆将拉面推广成日本国民料理的故事，并且
强调规律地品尝拉面是真正的日本人才会有的习惯。如果不是拉面已
经成为了日本饮食文化的代表，类似的专题报道是不会出现的，而拉
面地位的提升就得益于前文所述 20 世纪 80 年代盛行的拉面相关出版
物、1994 年成立的拉面博物馆、2000 年初期以拉面名厨为主的电视
节目。拉面转型成为日本国民料理，使其在美国升级为"酷日本"的
象征，而"日本"本身也转型成为全球年轻文化的代名词。日本对于
拉面的狂热在全球范围内定义了日本本身——越多日本人以国家化叙
事定义拉面，这道汤面对国家形象的影响就越清晰。

　　关于拉面的美国报道中，最为人津津乐道的就是日本人在吃拉面
时所发出的呼噜呼噜声。2000 年代中期至末期，每当提及拉面在美国
大受欢迎时，料理作者都不免说起日本人奇特的吸面声音，因为这一
习惯完全违背欧美的餐桌礼仪。[2] 然而在日本，这种吸啜方式却是有
汤汤水水的热食的标准食用方式，只要操作得当，它就是一种可以避
免烫伤、不让热汤洒出来的绝佳方法。总之，这一行径在美国人眼中
一直被视为日本的文化独特性。

　　纽约与洛杉矶的拉面迷也开始将店家评价发布在网络上，其中最

---

[1]　Julia Moskin, "Here Comes Ramen, the Slurp Heard Round the World," *New York Times,*
November 10, 2004.

[2]　参阅 Adam Winer, "Ramen: Suck It Up! How the Dorm Room Staple Became the Gastronomic
Must-Slurp of the Moment," *Maxim,* December 2009, 63；亦参阅 Barak Kushner, *Slurp! A Social
and Culinary History of Ramen—Japan's Favorite Noodle Soup* (London: Global Oriental, 2012)。

值得一提的就是瑞克曼·翁（Rickmond Wong）在 2006 年成立的"拉面狂"（Rameniac）网站。瑞克曼·翁是在加州阿罕布拉土生土长的美国人，他撰写的拉面评论涵盖日本、美国、英国与意大利，"拉面狂"是美国最知名的拉面评论网站。《洛杉矶周报》曾在 2009 年的报道中介绍这位博主："瑞克曼·翁自比为拉面僧人……他的博客让拉面像是高等教育的一门学科，而他已经取得了博士学位。"[1] 瑞克曼·翁在这个美国最知名的网站上说明了自己创办博客的动机：

> 我一开始并没有打算要将"拉面狂"当作饮食博客一样去经营。当我还在构思的时候，我根本不知道饮食博客是什么东西。我只是想要建立一个英语的全球拉面资料库，就是当人们想要吃一碗美味拉面或认识这道料理时可以作为参考的智库。不过这其实也不是我的创意，之前有个叫作 Bon 的日本人经营过一个网站（www.worldramen.net），只是到 2003 年左右就没有更新了，现在网络上还找得到。
>
> 我必须要说，他的英文真的不是很好。现在光是南加州就有八十到一百家拉面店，每一家我一定都会去一趟，不过我真的不急……洛杉矶最近又有几家拉面店要开幕了，显然这正是拉面的兴起时期。我想自己多少对于英语世界的教育与拉面推广也做出

---

[1]  Erica Zora Wrightson, "Meet Your Food Blogger: Rickmond Wong of Rameniac," *LA Weekly*, October 8, 2009, http://blogs.laweekly.com/squidink/2009/10/meet_your_food_blogger_ramenia.php.

了一些贡献。[1]

　　加州大学洛杉矶分校的校园媒体《仙熊日报》(*Daily Bruin*)
2010 年上传了一段访谈到 YouTube 网站，受访者就是毕业校友瑞克
曼·翁。他在访谈中针对拉面博客的工作及拉面对于美国亚裔社群的
意义发表了看法："拉面对于亚裔美国文化也带来了影响。我想要看
到这样的影响继续渗透，然后跻身主流。好比比萨就是一种主流——
没错，那是意大利食物，但是每个人都爱吃比萨。这就像是在说，
喔，这很酷。假如我们可以在人们的心中创造出这样的感觉，那他们
对亚洲的印象就不会是什么奇怪的异域他方了。"[2] 尽管评价拉面店的
工作不时会让人备感压力，不过瑞克曼·翁认为这个任务的目的就是
要将美式亚洲食物文化推向主流。除此之外，拉面本身也肩负着另一
层用意，就是让亚裔美国人在非亚裔美国人的眼中不再那么异域与陌
生。拉面在这样的过程中部分失去了与中国相关的日式料理的特质，
发展成为美国人眼中"亚洲"范畴下模棱两可的民族／种族／文化
对象。[3]

　　瑞克曼·翁的评论中有一篇关于最新复合式餐厅"加州拉面"

---

[1]    Erica Zora Wrightson, "Meet Your Food Blogger: Rickmond Wong of Rameniac," *LA Week-ly,* October 8, 2009.

[2]    "Rameniac Explains the Evolution of Noodle Blogging," uploaded on April 30, 2010, by dailybruintv at www.youtube.com/watch?v=3jy-Ox2YyJ0.

[3]    Naoki Sakai, " 'You Asians': On the Historical Role of the West and Asia Binary," in *Japan after Japan: Social and Cultural Life from the Recessionary 1990s to the Present,* ed. Tomiko Yoda and Harry Harootunian (Durham, NC: Duke University Press, 2006), 167–94.

（Ramen California）的报道。这家于 2009 年开张的拉面店受到加州自由生活的启发，提供了崭新的拉面之道，不过却在 2011 年宣布歇业。

很少有其他地方可以超越拉面加州的成就，不过你还是要先读完这篇评论。"加州拉面"可能会是最具创新性的餐厅，对于今日的美国而言，"加州拉面"已经不只是一家拉面店了……

菜单上印着星巴克式的大、中、小份拉面任君选择，而等到我再度造访时（是的，再度），食客已经可以设计自己想要的"试吃菜单"，并配上服务人员推荐的酒单。我点了三种口味的迷你餐——复古番茄味、芝士味和马萨拉咖喱味。于是竞赛开始了，三道拉面都有其独特的风味！复古番茄让人的味蕾为之一震，咖喱为感官带来不同的刺激，而当奶酪在嘴里咀嚼时更让我心中的疑团拨云见日，原来眼前并不是什么海市蜃楼。

我向厨师进一步咨询面条的制作方式，他提到一种特殊等级的小麦粉，常用于制作意大利面以增添嚼劲。此外，即便是原先不怎么搭调的鸡汤也开始掳获我的心，那的确充满简单又质朴的魅力。他解释说，拉面这么多年来在日本已经成为"隐藏食材原始风味的同义词了，我想要再一次返璞归真"。

对一碗拉面的评价，往往是通过风味的层次与品尝后的感动程度来判断的，这就是"拉面狂"网站的市场优势，也是我们持续经营的动力。河原成美的加州实验从另一个角度而言，也是想突破日本人因循守旧的心态，也是拉面王国自我放逐下的产物。倘若这道料理换了技艺不佳的厨师来经手，那我可能会将这家餐厅直接打入冷宫——那不过就是种噱头或是对名声的讽刺之作。然而，“加州拉面”却是殿堂级的艺术飨宴，谨慎又大胆，绝对是城里最令人期待的新餐厅。这家餐厅绝对会在当地造成相当大的回响。[1]

流行新复合餐厅“加州拉面”昙花一现，其歇业的时间点也恰巧与瑞克曼·翁停止在“拉面狂”网站上更新评论的时间点相符。2011年6月，瑞克曼·翁在最后几篇评论中提到，为了健康考量，他不再吃那么多拉面了，而且已经改采地中海饮食。随着这位自诩为拉面僧人的重要人物转而皈依“库斯库斯”（北非粗麦）之后，拉面在美国的演进也正式进入另一个阶段。好景不长的新式时尚拉面店在当时是一种跨国的现象，不论在美国或日本，都是在 2000 年代中期起快速出现的情况。

当大卫·张与瑞克曼·翁这些新一代的美国人将拉面介绍给美国社会的同时，伊凡·欧尔金（Ivan Orkin），这位在纽约长岛赛奥赛特土生土长的美国人，却在日本开设了第一家由美国人（以及他的日本妻子与妻舅）经营的拉面店“伊凡拉面”（Ivan Ramen）。欧尔金最早是受到电影《蒲公英》的启发，在拜访过大卫·张于纽约的“福桃面吧”与东京的拉面展览后，他对拉面产生了高度兴趣。[2] 于是，原本

---

[1]  Rickmond Wong, review of Ramen California, www.rameniac.com/reviews/comments/ramencalifornia_torrance/.

[2]  Yuka Hayashi, "Trying to Out-Noodle the Japanese," *Wall Street Journal*, September 29, 2007.

在纽约当法国料理厨师的欧尔金便决定试着制作自己的拉面，使用手作拉面以及结合海鲜与鸡肉高汤的"双汤头"——这也是 2000 年后在东京兴起的流行趋势。

欧尔金的拉面店在 2006 年 6 月开幕，初期的成就实在有限。真正让他咸鱼翻身的机会，是当素有"拉面之鬼"称号的佐野实带着电视节目《真剑胜负！》制作团队亲临造访的时候。欧尔金出现在电视节目的专访之后确实掀起了一股小小热潮，因为佐野实打算要好好炒作这位制作日本拉面的美国厨师。欧尔金在回忆起美国拉面师傅与"拉面之鬼"的电视专访时说道：

> 他带着一堆摄影师跟两位知名男孩团体的成员走进我的店里。就像其他那些我参加过的电视节目一样，这节目也是以客人走进店里并看见一位白人站在餐台后的惊讶表情作为开场。我挥挥手说"嗨！"，然后开始努力接应他们一连串关于这家店的提问。接着就是重头戏了，我做了三碗盐味拉面并端到餐台上……

> 他并没有摔碗或指着我的鼻子大骂假货，而我呢，也没有忍住不哭。他在节目上点头认可我做的拉面，而这多多少少也让"伊凡拉面"跻身成为东京名店之一。若说在那之前我心中有过一丝念头觉得自己的成就是短暂或是侥幸的话，那一刻便是我相信自己真正成就了些什么的时候了。一位来自纽约的拉面崇拜者在东京崛起，接着便是蜂拥而来的客源了。

　　佐野实在造访时也确实给我提出了建议。当摄影机停机后，他倾身靠向餐台边并告诉我可以考虑增加面体中的水分，只要百分之一即可。最后他向我道贺，然后带着节目制作团队走了。

　　我隔天就照着他的建议做了，他说的一点也没错。拉面真的变得更好吃了。[1]

　　尽管欧尔金并不是第一位成功在日本经营拉面店的非日籍人士，但他却是第一位达到这种成就的美国人，这也让他成为日本网络讨论热潮与真人秀节目邀请的对象。佐野实在 2009 年出版的著作《佐野实的拉面革命》（*Sano Minoru no Ramen Kakumei*）中挖苦地称欧尔金的拉面店是"拉面世界的黑船"（Black Ship of the Ramen World），以 1853 年马休·佩里率领四艘军舰前往日本缔约的故事加以讽刺。[2] 佐野实提到欧尔金"在新年贺卡上写着'手作面'，而不是'新年快乐'，显示他不重视日本传统新年——这就跟圣诞贺卡上不写'圣诞快乐'，而是写'手作意大利面'一样"。[3] 佐野实接着表示，"他应该在面里多加一点水"，并且"汤底要使用更多食材"。[4] 不过，佐野实在总结自己对欧尔金的评论时，对店内的"烧肉"大加赞美，承认欧尔金的法国料理背景是他在处理肉类上的优势。他最后写道：

[1]　Ivan Orkin and David Chang, "Ivan Ramen," *Lucky Peach* 1 (Summer 2011): 36.

[2]　Sano Minoru, *Sano Minoru no Ramen Kakumei* (Tokyo: Asahi Shinbun, 2009).

[3]　Sano Minoru, *Sano Minoru no Ramen Kakumei* (Tokyo: Asahi Shinbun, 2009), 86.

[4]　Sano Minoru, *Sano Minoru no Ramen Kakumei* (Tokyo: Asahi Shinbun, 2009), 86.

"就一位来自外国并在日本经营拉面店的人而言，他真的能够与街坊内其他拉面店经营者和平共存。我承认自己挺喜欢这个叫伊凡的家伙。"[1]

2008 年，欧尔金也出版了日文自传《伊凡的拉面》(*Ivan's Ramen*)，正式晋升为出书发表个人拉面哲学的大厨行列。[2] 然而，欧尔金的明星光环却是在 2009 年才达到最高峰，也就是他与三洋食品公司的"札幌一番"产品线合作，推出专属口味速食拉面的时候。三洋食品公司将这项产品配销到全国，不到一个月就卖了 30 万份，根据欧尔金的自传，这是三洋食品公司史上销售最快的速食面。[3]

欧尔金的拉面店也得到了美国媒体的瞩目。《华尔街日报》(*Wall Street Journal*) 于 2007 年刊登了一篇以欧尔金与他在东京的拉面店"伊凡拉面"为专题的报道，标题名为《企图以拉面超越日本人》(*Trying to Out-Noodle the Japanese*)。[4] 回想起自己在日本获得的来自美国的拉面名人的光环，欧尔金表示："我知道自己会引起很大的话题，因为我是外来者，而且我来自纽约。"[5]

欧尔金在日本制面的成就也激励他将眼光锁定纽约东村，也就是一开始受到大卫·张创新启蒙的地方。2012 年底，欧尔金计划在东村开设一间可容纳五十个座位的大型店面，他宣称，"要做在纽约完

[1]  Sano Minoru, *Sano Minoru no Ramen Kakumei* (Tokyo: Asahi Shinbun, 2009), 87.

[2]  Ivan Orkin, *Ivan's Ramen* (Tokyo: Little More, 2008).

[3]  Orkin and Chang, "Ivan Ramen," 36.

[4]  Hayashi, "Trying to Out-Noodle the Japanese."

[5]  Hayashi, "Trying to Out-Noodle the Japanese."

全不曾听过的拉面”。[1] 像欧尔金这样获得日本认证的美国拉面师傅，是否能给美国的拉面市场带来全面性的影响尚不得而知，不过随着欧尔金、大卫·张、镰田成人这些人相继在美国经营起拉面店，好莱坞式的拉面大师也确实进入了美国人的饮食认知。

2011 年，第一本拉面专著于日本问世的三十年后，美国出现了第一本以拉面为主题的刊物。第一位美籍拉面大师大卫·张发行了美食杂志《福桃》(Lucky Peach)，创刊号就以拉面为主题。这本创刊号很快成为收藏者竞相收集的纪念版本，eBay 上一本的售价高达 300 美元，而单行本的原价不过 8 美元。大卫·张在这本刊物中记录了自己与资深美食记者彼得·米汉（Peter Meehan）一起探索拉面的过程，图文并茂地呈现了他们游历东京的个人经验。后来全国公共广播电台（NPR）邀请彼得·米汉上节目，并针对他“对全世界料理的不敬眼光”进行访问。[2] 彼得·米汉解释，当初以拉面作为创刊号主题，是因为大卫·张的餐厅与食物在日本文化中的重要性。他提到电影《蒲公英》中的经典画面，并以滑稽的口吻武断地说：

> 你要大口大口地吸面，不要咀嚼，不要咬断，你要像人肉吸尘器一样吸面，拉面就会心满意足地溜进口中。接着，碗中的汤

---

[1]   J. Kenji Lopez-Alt, "First Bites at Ivan Orkin's Game-Changing Ramen with April Bloomfield," *Serious Eats,* October 18, 2012, http://newyork.seriouseats.com/2012/10/ivan-orkin-april-bloomfield-ramen.html.

[2]   " 'Lucky Peach': An Irreverent Look at Cooking," *All Things Considered,* August 5, 2011, www.npr.org/2011/08/07/139019770/lucky-peach-an-irreverentlook-at-cooking.

汁就会成为面条的装饰品，紧紧地包裹着面条，增添一番风味。
对于一碗汤面而言，这似乎是再稀松平常不过的事情，当你面对
着一碗汤面并准备就绪时……你就知道那是什么意思了。[1]

　　这番话再次说明，每当美国人提到拉面时，"蒲公英（电影）式"
的语言以及伊丹十三所讽刺的拜物景象总是会被一再提起，而且已在
不经意间成为标准化的表达，得益于伊丹十三第一部也是唯一一部的
"日式西部片"（Noodle Western）[2]。除此之外，NPR 的故事也无可避
免地反复炒作大学生吃拉面的频率，以及拉面店料理与速食拉面之间
的差异。美国针对拉面的新闻报道往往呈现相同的行文逻辑：先是以
电影《蒲公英》做开场，解释这道料理对追求潮流的日本人来说有着
仪式般的重要性，接着再提到拉面与速食拉面的差别，以及吸啜拉面
的逗趣，最后再介绍几家当地的拉面店。通过强调拉面对于日本人的
重要性（当然，《蒲公英》又会再次被作为例证），这些报道强化了由
拉面定义的日本形象，也强化了拉面作为战后日本关键性料理的形象。
　　如同庄司祯雄创作的《我爱拉面！！》那样，大卫·张的《福
桃》特刊也收集了一众名人赞颂拉面的絮语独白与漫画。特刊中收录

---

[1]　" 'Lucky Peach': An Irreverent Look at Cooking," *All Things Considered,* August 5, 2011, www.npr.org/2011/08/07/139019770/lucky-peach-an-irreverentlook-at-cooking.

[2]　美国媒体在宣传《蒲公英》时常将其形容为"日式西部片"，这一称呼化用了 20 世纪 60 年代中期对意大利电影导演拍摄的"意大利式西部片"（Spaghetti Western）叫法。参阅 Sheila Benson, "Movie Review: 'Tampopo' Dishes up a Sexy Noodle Western," *Los Angeles Times,* June 24, 1987。

了大卫·张与彼得·米汉访东京吃拉面的游记，以及知名美食作家安东尼·波登（Anthony Bourdain）的一篇文章，分析大卫·张如何引领美国拉面潮流。读者们可以通过这篇文章了解到，大卫·张跟瑞克曼·翁一样，一开始在日本一边教英文，一边养成了吃拉面的习惯，但是日语却始终不会几句（这是许多海外美国人的常见情况）。[1]美国人在日本所享有的特权，在《戴维·贝瑞在日本》（*Dave Barry Does Japan*）[2]与其他美国人撰写的热门游记中都可瞥见，彼得·米汉也有类似经历。他在杂志第一章《东京觅食记》中提到，在大卫·张的陪同下，自己如 VIP 一般受到顶级厨师与酒保的接待。除此之外，贩卖机投币买酒、餐厅前展示的食物模型、干净无比的自动厕所、没有小指头的黑帮成员，以及其他平凡的日本生活，都让彼得·米汉惊叹不已。就像那些对日本生活不熟悉的外国人一样，他也不厌其烦地写着这些琐碎又平常的事情。再者，这位《纽约时报》的前美食作家也承认，东京之行让他知道了纽约餐厅在世界上处境相对受限，这点让他既失落又难以承受。[3]他大言不惭地表示自己没有兴趣了解日本文化中的情感与礼教标准，却欢快地描述自己在名店中点了一桌自己吃不完的菜品，以及他与日本传奇人物——蘸面发明人山岸一雄——见面的情形，而他其实完全不知道山岸一雄是谁，也不明白他为什么

---

[1]　David Chang and Peter Meehan, "Things Were Eaten," *Lucky Peach* 1 (Summer 2011): 9.

[2]　David Barry, *Dave Barry Does Japan* (New York: Ballantine, 1993).

[3]　Chang and Meehan, "Things Were Eaten," 11.

会备受大胜轩员工的尊敬。[1] 文中还有一张照片，记录了大卫·张在一家高级餐厅营业结束后醉倒在门口的丑态，足以显示这两位作者是如何地不知轻重。

对于那些第一次造访日本，并对日本文化印象很"酷"的人而言，《东京觅食记》恰好可以回应这番期待。举例来说，彼得·米汉在拜访东京拉面店时就期待自己会见识到所谓的"拉面时尚"。他写道："我本来以为这本刊物发行时会包含一本拉面时尚笔记，能详细记载日本拉面店中各式各样的疯狂穿着——像纽约的拉面厨师那样戴着各不相同又有些奇怪的头巾，也经常穿着不一样的雨鞋或胶鞋。但是那对青叶拉面店的夫妻，他们穿着非常简单，只能说是比仅具实用性好上一点的棉质外衣，好像他们平常去苏活区的'R'或'45rpm'购物一样。这一点也不有趣，也一点都不奇怪。所以我对拉面的时尚想法就在那里灰飞烟灭了。"[2] 彼得·米汉本以为自己会在日本看到一堆稀奇古怪的头巾与胶鞋，结果却被日本现实生活中平淡无奇的样貌背叛了。

许多以日本（或其他所谓非西方地区）为写作主题的作者，例如大卫·张及彼得·米汉，他们记录的都是与自己相关、以自身为出发点的见闻，而非他们在目的地所见识到的实际社会样貌。尽管这点可以被视作长久以来美国人书写奇异东方魅力的深层逻辑，但这样的陈

---

[1] Chang and Meehan, "Things Were Eaten," 11.

[2] Chang and Meehan, "Things Were Eaten," 9-10.

腔滥调经常仅代表他们的生活样貌，并会在日本人（或其他非西方人士）间造成回响，进而在时间推移下演变成他们自我定义的一部分。像是拉面师傅自从 20 世纪 90 年代开始穿上作务衣，或是采用日本（或类日本）装潢风格的纽约“一风堂”这样的新式拉面店，都可被视为受到了外界书写的影响。

因为旅游频道的节目《波登不设限》（*Anthony Bourdain: No Reservations*）而荣获 2010 年艾美奖的安东尼·波登，是当时美国最知名的料理名人与评论家。波登在《福桃》创刊号上针对大卫·张的职业生涯写了一篇风趣又具反思性的文章，标题就是《张》（*Chang*）。波登在文中借用三部电影分析大卫·张的职业生涯，宣称这是描写这位从英文老师变身拉面师傅的非凡人物的最好方式。第一部电影当然就是《蒲公英》了。根据波登的说法，这部电影概括了大卫·张发现拉面的背景。

第二部电影是大林宣彦（Obayashi Nobuhiko）1977 年的恐怖喜剧《鬼怪屋》（*House*）。波登在当中“发现所谓‘后面条顿悟’（post-noodle epiphany）的惊人前身，不过大卫·张与他的伙伴‘背离了剧本’，也就是说，他们开始了发展食谱的新阶段”。他接着表示：“张的‘后面条’阶段回应了一个从来没有人提过的问题——从来没有任何纽约人对融合日式／韩式／现代主义／南美风味的料理表达过兴趣。如同导演大林宣彦一样，假如张在大众尚未有心理准备之前就揭露了他的计划，他很可能会被视作疯子。这些诡异的对比与他早先在日本生活的经验，都让我们相信大林宣彦的电影作品带来了清楚又持续的影响，那便是大卫·张崛起的蓝图。"

第三部电影就是 2008 年上映的《拉面女孩》(*Ramen Girl*)。[1]
波登认为这部电影为大卫·张的经历提供了"全然的自传式对照"，
电影剧情与他的故事竟是如此惊人地相似。他解释道：

> "福桃拉面"的王国比这部未得到正确评价的独立电影更早
> 出现。尽管如此，看了这部电影之后，我不禁去想：究竟是巧合
> 还是什么？年轻的美国学徒与看似冷酷又严格的拉面师傅，这两
> 人之间的温馨故事不就是大卫·张崛起的翻版吗？布兰妮·墨菲
> (Brittany Murphy) 所扮演的艾比 (Abby) 在剧中能有所突破，就
> 是因为她跟张一样勇于对抗传统，对于师傅教导她的事情能够追
> 根究底，并且朝着未知的领域迈进。这一切都是巧合吗？我不这
> 么觉得，这部电影的剧情与大卫·张的故事太相似了。此外，布
> 兰妮·墨菲也许不是诠释这个角色的首选，而大卫·张的故事不
> 也如此吗？[2]

《拉面女孩》于 2008 年上映，全片几乎都在日本取景拍摄，由已
故演员布兰妮·墨菲主演。她在剧中扮演一位在西田敏行 (Nishida
Toshiyoki) 饰演的日本顽固拉面师傅手下当学徒的美国女孩艾比。学

---

[1]　*Ramen Girl*, director David Allan Ackerman (Image Entertainment 2008).

[2]　Anthony Bourdain, "Chang," *Lucky Peach* 1 (Summer 2011): 23.

徒生活培养了艾比对料理拉面的热情，她成功研发出自创的"女神拉面"（Goddess Ramen），主要材料有胡椒、玉米与番茄，后来就回到纽约经营自己的拉面店，店名就叫"拉面女孩"。尽管这部电影的票房与 DVD 市场反响不佳，不过却是美国人描述日本流行文化上的崭新里程碑，这里所指的流行文化就是以 2000 年后的拉面风潮及大卫·张的餐厅为主。相较于其他在日本取景的美国电影，像《最后的武士》（*The Last Samurai*）、《艺伎回忆录》（*Memoirs of a Geisha*），甚至《迷失东京》，《拉面女孩》最主要的不同就在于该电影不仅在日本取景拍摄，而且片中的日本角色并不需要说着蹩脚或带着口音的英文。这是美国电影在呈现日本样貌时的一大突破，剧情上也跳脱了像是日本寡妇爱上杀害亲夫的美国人（《最后的武士》）、日本艺伎爱上让她脱离苦海的美国人（《艺伎回忆录》），以及扮演舞台道具或不断出糗的日本演员（《迷失东京》）这类桥段。《拉面女孩》的女主角布兰妮·墨菲很清楚这部电影的不同之处。她在接受《日本时报》采访时，针对《拉面女孩》与《迷失东京》之间的差异表示："不同的地方在于剧情，还有就是——这是我真正喜欢的部分——这部电影中有很多日本演员。仔细想想，《迷失东京》中并没有什么由日本演员出演的角色，就好像东京只是作为电影的背景。《拉面女孩》就不只是这样了，东京……我是说，这部电影的每个部分都与东京有关，而我也是其中的一部分。这真的很棒！"[1]

---

[1] George Hadley-Garcia, "Broth in Translation," *Japan Times,* January 23, 2009, www.japantimes.co.jp/text/ff20090123r1.html.

拉面于 2000 年代在美国蔚然成风，明星厨师、特别评论、出版物与电影等的出现都是最佳证明，这跟 20 世纪八九十年代其在日本的流行如出一辙。然而，就在拉面评论者瑞克曼·翁、明星大厨大卫·张、杂志出版人彼得·米汉以及电影导演罗伯特·艾伦·艾克曼（Robert Allen Rickman）一致为该料理在美国达成的新境界齐声欢呼时，日本人对于拉面的热情已经渐渐消退。2011 年，大卫·张与彼得·米汉创办《福桃》杂志，而此前一年，拉面博物馆创办人岩冈洋志出版了著作《拉面消失的那天》（*The Day That Ramen Disappears*），感叹日本人消费拉面的热情已经日落黄昏，进而表示拉面狂潮在美国与日本终将消退。相比于直到 20 世纪 90 年代初期才结束的美国对日本潮流的主导，美国青少年竞相追逐日本流行文化的趋势仅延续了十几年，不单是食物，连发型也是。日本以"软实力"著称世界的年代，或者说其对海外的良性文化输出，在 2000 年代中期达到高峰后，很快就被接下来入侵美国的"韩流文化"——例如"江南大叔"PSY——覆盖了。

# 结　论

----

## 时间将会证明

### 反抗的食物

他说……

我的人生……

我的灵魂……

都在……碗中

尝尝吧!

　　——竹田和重(Mita Ryosei),东京"六厘舍"(Rokurinsha)
拉面店店主


　　日本二十年来的经济停滞与就业市场萎靡,再加上中国及韩国
的经济成长的趋势,都改变了工作与就业保障在日本年轻人心中的定
义。然而,在衰退中成长的年轻一代看来,独立拉面店的经营者就像
是不可思议的英雄人物一样,是他们心目中的名流——这些经营者不
仅重新定义了日本流行文化,甚至还重新定义了"日本"本身,无论
在国内还是海外。正如同索尼、本田与松下的创办人在上一代日本人

心中的地位一样，那些出生于 20 世纪 70 年代的拉面店经营者也已经在 2000 年代蜕变成为日本小规模全球实业家的代表了。

若要在拉面叙事中寻找出始终一致的脉络，“争议之食”想必是最好的概括了。拉面以来自中国的现代食物之姿出现在日本，而在当时，西方代表着现代，东方世界则是守旧的象征。制作这道料理的人主要是日本中餐厅的中国师傅，或者是在中餐厅工作或当学徒的日本人。在那个日本政要鼓吹快速工业化并采行西方发展道路的年代，“支那面”的主要消费者是体力劳动者、夜间工作者与军人。在推车小摊、中国餐厅、西式食堂与小餐馆都可以吃到“支那面”，这些场所汇集了从乡下进城打工的人、少数民族与其他流离失所的族群。这里提供了就业的入门机会，尽管失业的危险随时可能降临。

第二次世界大战中，拉面在日本各个城市中消失，最后又在美军占领期间以“中华面”之名回归，为饥荒遍地的日本提供“补充能量”。在经济高度成长时期（1955—1973），而当时中产阶级的小家庭成为社会组成核心，家庭的可支配收入也逐渐增加，拉面因此成为了年轻的单身劳动者的能量来源。再后来，20 世纪 70 年代，随着丰田汽车等大量出口的制造业成为日本在国际经济上的形象代表，独立拉面店也开始发展成为失意的企业工人的避风港。

20 世纪 80 年代，日本的地产业开始出现金融泡沫，股票投机越发向奢侈品与休闲服务消费市场集中，在这一阶段，拉面演变成为日本一般民众面对法式与意式这些时尚又精致料理时的另一种选择。到了 1990 年代，由美国人主导的全球速食产业促进了前所未有的全球消费均质化，拉面的国家形象在此时变得更加鲜明，政治意涵也更加强烈，2000 年后更发展出爱国主义或新民族主义的拉面店。

　　拉面原本是一道以日本年轻人为主要服务对象的料理，尽管这个国家的人口天平越发向老龄化倾斜。拉面也一直保持着偏油、偏咸、淀粉含量高的特质，尽管当下的主流饮食习惯提倡健康为重。日本有众多极富地区特色的风味拉面，但就整体而言，它依然可以为日本代言。在日本，拉面经济实惠，几乎所有人都可以负担，但是因为拉面粉丝的疯狂追捧，要品尝到一碗品质绝佳的名店拉面，可能要花费几个小时排队等候。而在已经衰落但还未彻底消失的美国全球霸权下，拉面也被视作泛亚洲主义的象征。

　　最后一点，也许也是最重要的一点，日本的拉面行业始终坚持通过"暖帘分"（*noren wake*）制度开设分店，拒绝让企业资本进入造成产业垄断。日本有 80% 的拉面店都是独立经营商户。尽管从 20 世纪 90 年代开始，这些小型拉面店就历尽挣扎，不过它们最终得以生存了下来。[1] 所谓的"暖帘分"制度，就是拉面店主让那些跟在身边至少超过一年的员工学习制作拉面汤头、酱汁配方，经过训练后再离开师傅独立开店，通常不收取任何费用，就这样让知名店家的经营模式不断复制，而并非金字塔形的企业架构。东京东池袋"大胜轩"的创办人山岸一雄、"武藏面屋"的创办人山田雄与"拉面二郎"（Ramen Jiro）的创办人山田拓美（Yamada Takumi），都允许学徒在外开设分

---

[1]　"Gaishoku sangyo maketingu binran," *Fuji keizai*. Cited in Hayamizu Kenro, *Ramen to aikoku* (Tokyo: Kodansha Gendai Shinsho, 2011), 247.

店并会给予祝福。这些独立经营的拉面店就在创始人分文未取的情况下开花结果。蘸面发明人山岸一雄在面对"拉面之鬼"佐野实的采访时曾解释："有些人会将配方当作商业机密，严格看守并且拒绝公开，这些人其实应该分享自己的配方与技术比较好。不能总是想着'那是我的风味'，也该想想所谓'我的风味'到底怎么延续下去。我自己没有小孩，因此有很多人喜欢'我的风味'时，我真的很开心。"[1]

　　暖帘分制度使许多拉面店能够承袭名厨名食的光环，这些分店同时也展现了创始人的成就与宽宏大量。它让年轻的拉面工作者得以拥有小型企业所有者的身份，以维持不是特别优渥却相对稳定的生活。尽管因为速食产业的兴起，以及它在降低成本和扩大经济规模上的成功，许多像日本大众食堂这样的小餐馆都在20世纪90年代逐渐没落，不过还是有许多日本年轻人继续在知名拉面店接受训练，并企图独自经营分店。如此一来，对于那些有抱负却不适合或没兴趣在大企业工作的年轻人而言，拉面店就成了90年代企业缩编后最火热的就业新趋势之一。暖帘分制度中的反企业要素，以及2000年之后开始兴起的慢食运动，都赋予拉面制作一种左翼的政治共识，不过，90年代后拉面师傅的诗作、店家命名方式、作务衣与发型的改换则都是属于右翼行为。因此，拉面成为日本国家认同快速变化之下的灵活支撑，而这样的国家认同，通过真人秀节目营造的新的历史感受和情绪来获得定义，并混合了以外国人期盼为主的"日本"元素。

---

[1]　Sano Minoru, *Sano Minoru no ramen kakumei* (Tokyo: Asahi Shinbun 2009), 70.

较新的拉面店

　　对于在 20 世纪 70 年代出生的日本人来说，90 年代后的拉面店是他们的就业选项和潜在的创业选择之一。同时，由于经历过日本经济高速成长期，拉面被赋予了可与美国大型企业组织及美式速食产业相抗衡的坚实象征意义。举例来说，经济学者竹中正治（Takenaka Masaharu）在其著作《拉面店 vs. 麦当劳》（*Ramenya to makudonarudo*）中描述了拉面制作与消费热情所影射的政治对立。[1] 这本书在序言部分公开谴责了那些不知羞耻地批判自己国家的海外日本学者（特别是美国的日本学者），接着他提到本书的用意是要去分析，面对美国与日俱增的影响，究竟怎样的日本价值才值得保留。竹中正治认为，比

---

[1]　Takenaka Masaharu, *Ramenya to makudonarudo* (Tokyo: Shinchosha, 2008).

起一味吹捧美国，我们更需要将两国之间的习惯进行整体比较，如此才能合理平衡各国商业文化的利益价值和利弊。

竹中正治认为，相比美国而言，日本国内的平均制造规模更小，产业的资本集中度相对较低，这正是日本价值所在。这两个因素都有助于差异、多样与创意这样的特质在文化中开花结果。他认为产业中的资本集中度越低，差异化与原创性就会越高。美国制造业携着大规模、纯利益导向的商业方式来到，威胁着日本仅存的优势，此时较小规模的制造业更需要受到保护。竹中正治在其著作第一章《持续仰赖麦当劳的美国人 vs. 征服拉面的日本人》中提出他的观察：

> 大型企业需要专注在以宏伟绩效为基础的目标上，也就是说要以满足多数人的需求与渴望为目标。当这样的过程经过一再复制之后，就会变成一种排除局外者的局面，并在制造上达到特定的均质化或标准化。麦当劳正是这样的企业形态……麦当劳的成功就是美国饮食文化贫瘠的另一种说法。麦当劳散布全球其实就是美国垃圾食物的全球化。
>
> 另一方面，"拉面店式的供应体系"仍然存在于日本的动画或漫画之中，而且深深地扎根。相较于尽力满足多数人的需求，制作者有着忠于自我情感的坚持，也因此保留了许多可能性，并且在必要时更新产品。在这样的情况之下，尽管每一笔交易只能带来微薄的利润，却有着多元又独特的结果；而任何在这种情境之

下的产出，经常会出人意料地出众。[1]

　　竹中正治对于小型企业价值的理解是如此直白又难以反驳，他不仅试图保留与美国大企业直接对立的"拉面店式"生产模式，而且将拉面店视作一种代表日本特色的企业模式，实在是一种相当值得注意的新颖应用。根据他的逻辑，大规模企业代表着美国文化（以麦当劳为代表），而不在乎丰厚盈利与过度扩张的工匠精神（以独立拉面店为代表）则是日本文化的代表。然而，除了标题之外，竹中正治的书中其实并没有对拉面制作或拉面店的商业架构进行真正的讨论，上面引述的这段便是全部了。相反，读者在书中看到更多的是竹中正治针对美日两国之间在政治、经济与社会组织上的差异进行探讨（如名为《爱辩论的美国人 vs. 写博客的日本人》等章节）。

　　自从 20 世纪 80 年代寿司完成国际化之后，拉面就成为了日本餐饮业中最重要的也是最成功的全球出口项目，并在过去二十年间成为了一种全球现象。到了 2000 年代，被包装成推向外销商品的日本文化元素经过重新配置，从近代早期的遗存（歌舞伎、寿司与木刻版画）转变为战后生活的纪念物（动漫、拉面与电玩）。经济高速成长期就在这样的情境之下翻开了崭新的一页，而学术研究与博物馆陈列便是其中的组成要件。[2] 有别于 20 世纪日本在海外形象中那些以军

---

[1]　Takenaka Masaharu, *Ramenya to makudonarudo* (Tokyo: Shinchosha, 2008), 33-34.

[2]　案例可参 the Shitamachi Museum of Tokyo in Taito ward. www.taitocity.net/taito/shitamachi/sitamachi_english/shitamachi_english.html。

国主义、经济主义与美学主义特质为主的隐喻，这样的转变使得日本
60 年代的日常生活要素成为重新定义国家形象的泉源，而新的"日
本"只与生活方式和品位有关。

　　拉面历经了上个世纪的动荡变迁，从来自中国以便利、快速与营
养丰富闻名的异国料理，晋升为日本工人阶层的主食，最后成为代表
日本传统的手作精神、复古审美与小规模制作结合的"慢食"象征。
在这一过程中，我们得以观察到食物供应链的延长，以及为广大消费
者提供安全、健康又美味的食物与以获利为动机的经营的矛盾冲突。
拉面在日本的发展也呈现出这些事物联系随时间推移的变化，以及烹
饪与饮食习惯如何无缝衔接，从工人阶级的变成国家的传统。这道料
理可以同时归属于不同类别（日式料理、暖心料理、中式快餐、夜间
酒后食物、工人阶级午餐、年轻人的食物及单身汉的食物），而每一
种类别都涉及不同日本群体的饮食习惯发展史，也让我们看见一国之
内的差异与变化情势。通过这样的方式，拉面便让我们一览文化生成
的过程，不仅是在国家层面，也包含了阶级（蓝领）、性别（男性）、
世代（年轻人）与民族划分（中式）各个层面和角度。

　　经由拉面来观察日本历史的特殊意义在于，它凸显了社会结构下
众多不同领域的相互关联，因此为研究历史变化提供了依据。拉面是
都市生活细小乐趣的缩影，而其唤起情感共鸣的力量胜过其他以面粉
为主要原料的同类料理，例如御好烧和乌冬面。[1] 那些与拉面相关的

---

[1]　日本的大众媒体以东京为中心，在媒体报道中，相比起御好烧或乌冬面，拉面容易占
据更多篇幅，因为前两者常被视为来自大阪和关西其他地区的食物。

讽刺性和不协调性，都可以帮助我们理解现代日本政治中所潜在的矛盾。具体来说，这道料理做法源自中国，材料来自美国，不过却是现代日本的象征；20 世纪 30 年代，拉面意味着机械化的食品生产和社会高速发展的能量需求，到了 20 世纪 90 年代，却转变成为秉持匠人精神手作慢食的料理代表；20 世纪 80 年代对各地区风味差异的强调，实际上意味着饮食习惯在高度成长期的同质化发展；另外，虽然目前全世界流通的速食拉面与日本之间鲜少有什么关联，但是开遍世界各地的拉面店却被视为日本年轻化饮食的形象代表。

因此，拉面可以作为观察现代日本社会各个层面变迁的重要标志——中日关系的复杂本质、日本对美国进口粮食的依赖、营养科学的改变、从果腹到娱乐的观念转型，以及关于战后日本挣扎、成功与停滞的国家叙述……这些全都融入了这道汤面的历史之中。然而，究其根本，将工业劳动力的控制视为政治决策的关键，是拉面发展历史中不可分割的基础。当带领日本经济高速成长甚至产生经济飞跃的全球经济体系被放松监管与提倡私有化的新古典自由主义政策取代，拉面的国家叙事也孕育出了"有机生产社群"（organic productive community）的概念。全体大众的集体意愿由文化上统一的劳动力所代表，最终将工业劳动者的特色饮食转变成为代表全国人民的抽象概念。

# 致　谢

　　这部作品原本是我在加州大学圣地亚哥分校（UCSD）攻读历史学时的博士论文，感谢已故的 Masao Miyoshi 教授的仁慈，让我能够以此为题进行研究。我在 UCSD 的指导教授 Stefan Tanaka 与 Takashi Fujitani，感谢他们的支持与无私。感谢 Christina Turner 及 Daniel Widener 早在初始阶段就协助我将这项计划去芜存菁，还有同校的 Robert Nishimura 也提出友善的建言。

　　感谢 UCSD 的 Hifumi Ito, Masato Nishimura, Mayumi Mochizuki, Yutaka Kunitake 及 Sanae Isozumi 热心帮助我搜集资料，他们也从一开始就帮助我共同构思主题。我也要向 Tomoyuki Sasaki, Ryan Moran 与 Denis Gainty 的诚挚情谊表示感激。

　　感谢安默斯特学院的 Ray A. Moore 及 Kim Brandt 带领我走进日本历史的世界，培养我对这项课题的兴趣。感谢 Waka Tawa 帮助我学习日本语言及文化，没有她的大力相助，我大三那年就不可能去日本负笈求学。此外，很荣幸可以在安默斯特学院认识 Gordon Levin,

Austin Sarat, Lawrence Douglas 与 Martha Umphrey 这几位善于激励人心的教授。

感谢已故的 Murai Yoshinori 教授慷慨赞助我在日本上智大学亚洲文化研究所学习，我也要感谢同志社大学的 Taguchi Tetsuya 先生与早稻田大学的 Yoshimoto Mitsuhiro 教授，谢谢他们的协助与意见。感谢日本国际交流基金会（The Japan Foundation）在成书之前鼎力相助，也要谢谢那些让我在东京生活并学习一年的朋友们。

我还要感谢纽约大学历史系的同人们，尤其是 Yanni Lotsonis, Joanna Waley-Cohen 与 Mark Swislocki，他们不仅费心帮忙校阅初稿，也提出宝贵的修改建议。再来感谢 Zvi Ben-Dor Benite, Guy Ortolano, David Ludden, Michael Gomez, Rebecca Karl, Andrew Sartoni, Stefanos Geroulanos, Jane Burbank, Karl Appuhn, Maria Montoya, Anindya Ghose 与 Masato Hasegawa 对这本书的贡献，感谢你们拨冗参与。Zawadi Barskile, Chung-Hao Kuo, Lin-Yi Tseng, Naoko Koda 与 Joel Mathews 也针对这项计划提出不同观点，我也再次表达感谢。

感谢堪萨斯大学的 Eric Rath 及波莫纳学院的 Samuel Yamashita 费心阅读初稿，并且提供精辟的见解，我尤其感激他们的忠告。书中关于 "拉面与美军占领政策" 的内容部分取材自 Eric Rath 与 Stephanie Assmann 共同编辑的著作《日本饮食研究：过去与现在》（*Japanese Foodways: Past and Present*，2010），经过相当程度的修改后援用于第二章。第三章关于对速食拉面的认知在日本高度成长年代发生转变，则有部分取材自《亚太研究国际期刊》（*International Journal of*

*Asia-Pacific Studies 8*，no. 22，2012）。

　　加州大学出版社的 Kate Marshall 打从一开始就对这本书表现高度兴趣，我由衷感谢她费心与我一起密切地修订文稿。

　　我的朋友们也提供了不同的建议与观点，感谢 Prentiss Austin, Aaron Bishop, Jesse Hofrichter, David Yoo 与 Jesse Halpern，他们真挚的友情让我倍感踏实。我在加州的家人们，Ying Liang, Hsiu-Lien Chang, Andrew Solt, Joshua Solt, Dakato Solt 与 Claudia Falkenburg，感谢他们一路以来的支持，感谢他们各尽其职，让我得以专心工作。

　　我要感谢我的父母，John Solt 与 Sachiko Solt，还有我的弟弟 Ken Solt，感谢他们总是愿意支持我的决定。最后，我要感谢我的妻子 Beverly 与我们的三个孩子——Markus, Malcolm 与 Maria，谢谢他们的爱心与耐心。关于本书可能出现的任何谬误与判断，皆是我个人的责任。

# 参考文献

Akiyama Teruko. "Nisshin, Nichiro senso to shokuseikatsu." In *Kingendai no shoku bunka*, ed. Ishikawa Naoko and Ehara Ayako. Tokyo: Kogaku shuppan, 2002.

Ando, Momofuku. *Rising to the Challenge: Living in an Age of Turbulent Change.* Tokyo: Foodeum Communication, 1992.

Aoki Kazuo. *"Tonchi Kyoshitsu" no jidai: rajio o kakonde Nihonju ga waratta.* Tokyo: Tenbosha, 1999.

Ara Takashi, *ed. GHQ/SCAP Top Secret Records.* Tokyo: Kashiwashobo, 1995.

Asahi Geino. "Gurume nante kuso kurae." October 16, 1986, 111–15.

Barry, David. *Dave Barry Does Japan.* New York: Ballantine, 1993.

Benson, Sheila. "Movie Review: 'Tampopo' Dishes up a Sexy Noodle Western." *Los Angeles Times*, June 24, 1987.

Bentley, Amy. *Eating for Victory: Food Rationing and the Politics of Domesticity.* Urbana: University of Illinois Press, 1998.

Bourdain, Anthony. "Chang." *Lucky Peach* 1 (Summer 2011): 23.

Chang, David, and Peter Meehan. "Things Were Eaten." *Lucky Peach* 1 (Summer 2011): 9.

Chijo. "Insutanto shokuhin." February 1961, 130.

Cohen, Lizabeth. *A Consumers' Republic: The Politics of Mass Consumption in Postwar America.* New York: Vintage, 2003.

Condry, Ian. *Hip-Hop Japan: Rap and the Paths of Cultural Globalization.* Durham,

NC: Duke University Press, 2006.

Conlon, Michael. "The History of U.S. Exports of Wheats to Japan." U.S. Department of Agriculture, Foreign Agricultural Service, Global Agriculture Information Network. June 29, 2009. www.usdajapan.org/en/reports/History%20of%20 US%20Exports%20Wheat%20to%20Japan.pdf.

Creighton, Millie. "Consuming Rural Japan: The Marketing of Tradition and Nostalgia in the Japanese Travel Industry." *Ethnology* 36, no. 3 (1997): 239–54.

Cwiertka, Katarzyna. "Eating the World: Restaurant Culture in Early Twentieth Century Japan." *European Journal of East Asian Studies* 2, no. 1 (2003): 89–116.

——. *Modern Japanese Cuisine: Food, Power, and National Identity*. London: Reaktion Books, 2006.

Dakaapo. "Ramen ten no keizai gaku." August 18, 1998, 95.

Dickerson, Marla. "Steeped in a New Tradition." *Los Angeles Times*, October 21, 2005, 1.

Dore, R. P., ed. *Aspects of Social Change in Modern Japan*. Princeton, NJ: Princeton University Press, 1967.

Dower, John. *Embracing Defeat: Japan in the Wake of World War II*. New York: W. W. Norton and Company, 2000.

Focus. "Zodatsu jidai no guwa." January 20, 1984, 62–63.

Foster, John Bellamy. "The Long Stagnation and the Class Struggle." *Journal of Economic Issues* 31, no. 2 (June 1997): 445–51.

Friday. "Showa 30 nendai ni taimu surippu!? 'Aishu no machi' no ramen wa hitoaji chigauzo." March 11, 1994, 42–43.

Fuchs, Steven. "Feeding the Japanese: MacArthur, Washington, and the Rebuilding of Japan through Food Policy." PhD diss., SUNY Binghamton, 2002.

Fujitani, Takashi. "Minshushi as Critique of Orientalist Knowledges." *Positions* 6, no. 2 (Fall 1998): 303–22.

Fukutomi, Satomi. "Connoisseurship of B-Grade Culture: Consuming Japanese National Food Ramen." PhD diss., University of Hawai'i, 2010.

Garon, Sheldon. *Molding Japanese Minds: The State in Everyday Life*. Princeton, NJ: Princeton University Press, 1997.

Gold, Jonathan. "Lost in Tampopo." *LA Weekly*, April 30–May 6, 2004, 56.

Gordon, Andrew. "Contests for the Workplace." In *Postwar Japan as History*, ed.

Andrew Gordon. Berkeley: University of California Press, 1993.

——. *A Modern History of Japan: From Tokugawa Times to Present*. New York: Oxford University Press, 2003.

Graphics and Designing. *The Making of Shin-Yokohama Raumen Museum*. Tokyo: Mikuni, 1995.

Griffith, Owen. "Need, Greed, and Protest in Japan's Black Market, 1938–1949." *Journal of Social History* 35, no. 4 (Summer 2002).

Hadley-Garcia, George. "Broth in Translation." *Japan Times*. January 23, 2009. www.japantimes.co.jp/text/ff20090123r1.html.

Hall, John W., ed. *Political Development in Modern Japan*. Princeton, NJ: Princeton University Press, 1973.

Handleman, Howard, "Only Scratches Surface: Main Problem of Hoarded Goods Held Not Being Tackled in Official Probe." *Nippon Times*, April 26, 1948.

Harootunian, H. D. *Overcome by Modernity: History, Culture, and Community in Interwar Japan*. Princeton, NJ: Princeton University Press, 2000.

Harvey, David. *The Condition of Postmodernity: An Enquiry into the Origins of Cultural Change*. Cambridge, MA: Blackwell, 1990.

Hayami, Yujiro, and V. W. Ruttan. "Korean Rice, Taiwan Rice, and Japanese Agricultural Stagnation: An Economic Consequence of Colonialism." *Quarterly Journal of Economics* 84 (November 1970): 562–89.

Hayamizu Kenro. Ramen to aikoku. Tokyo: Kodansha Gendai Shinsho, 2011. Hayashi, Yuka. "Trying to Out-Noodle the Japanese." *Wall Street Journal*, September 29, 2007.

Hayashiya Kikuzo. *Naruhodo za Ramen*. Tokyo: Kanki, 1981.

Iidabashi Ramen Kenkyukai. *Nihon Ramen Taizen: Naruto no nazo, Shina chiku no shinpi*. Tokyo: Kobunsha, 1997.

Ino Kenji. *Tokyo yamiichi koboshi*. Tokyo: Futabashi, 1999.

Ishige, Naomichi. *The History and Culture of Japanese Food*. New York: Routledge, 2001.

Ivy, Marilyn. *Discourses of the Vanishing: Modernity, Phantasm, Japan*. Chicago: University of Chicago Press, 1995.

——. "Formations of Mass Culture." In *Postwar Japan as History,* ed. Andrew Gordon.

Berkeley: University of California Press, 1993.

Iwaoka Yoji. *Ramen ga nakunaru hi.* Tokyo: Shufu no tomo, 2010.

Jansen, Marius, ed. *Changing Japanese Attitudes toward Modernization.* Princeton, NJ: Princeton University Press, 1965.

Japan External Trade Organization. *Changing Dietary Lifestyles in Japan: JETRO Marketing Series 17.* Tokyo: Japan External Trade Organization, 1978.

Japan Ministry of Health and Welfare. *Kokumin eiyo no genjo.* Tokyo: Koseisho, 1994. (For 1947–2000 editions, see www.nih.go.jp/eiken/chosa/kokumin_eiyou/index. html.)

Japan Ministry of Internal Affairs and Communications, Bureau of Statistics. 2011 National Survey of Prices. www.e-stat.go.jp.

Johnson, Chalmers. *MITI and the Japanese Miracle: Growth of Industrial Policy, 1925–1975.* Stanford, CA: Stanford University Press, 1982.

Johnston, Bruce F. *Japanese Food Management in World War II.* Stanford, CA: Stanford University Press, 1953.

Kawata Tsuyoshi. *Ramen no keizaigaku.* Tokyo: Kadokawa, 2001.

Keizaikai. "Ramen no te'ema paku de machi okoshi o mezasu." December 8, 1998, 80–81.

Kobayashi Kurasaburo. "Sobaya no Hanashi." *Chuo Koron,* December 1938, 428.

Kojima Takashi. "Mazushiki Henshokusha" (The poverty of the picky eater). *Bungei Shunju,* March 3, 1981, 82–84.

Keiko. *Nippon Ramen Monogatari: Chuka soba wa itsu doko de umareta ka.* Tokyo: Shinshindo, 1987.

Kumazawa, Makoto. *Portraits of the Japanese Workplace: Labor Movements, Workers, and Managers,* ed. Andrew Gordon, trans. Andrew Gordon and Mikiso Hane, 125–58. New York: Westview Press, 1996.

Kushner, Barak. *Slurp! A Social and Culinary History of Ramen—Japan's Favorite Noodle-Soup.* London: Global Oriental, 2012.

Leheny, David. *The Rules of Play: National Identity and the Shaping of Japanese Leisure.* Ithaca, NY: Cornell University Press, 2003.

Lockwood, William, ed. *The State and Economic Enterprise in Japan.* Princeton, NJ: Princeton University Press, 1965.

Lopez-Alt, J. Kenji. "First Bites at Ivan Orkin's Game-Changing Ramen with April Bloomfield." Serious Eats, October 18, 2012. http://newyork.seriouseats. com/2012/10/ivan-orkin-april-bloomfield-ramen.html.

McCormack, Gavan. *The Emptiness of Japanese Affluence*. New York: M. E. Sharpe, 1996.

McGray, Douglas. "Japan's Gross National Cool." *Foreign Policy* 130 (May–June 2002): 44–54.

Miyazaki Motoyoshi. "Nihonjin no shokukosei to eiyo." In *Nihongata shokuseikatsu: kenko to atarashii shokubunka no shinpojiumu*, ed. Toshiko Kondo. Tokyo: Kodansha, 1982.

Morley, James, ed. *Dilemmas of Growth in Prewar Japan*. Princeton, NJ: Princeton University Press, 1974.

Moskin, Julia. "Here Comes Ramen, the Slurp Heard Round the World." *New York Times*, November 10, 2004.

Murai Yoshinori. *Ebi to Nihonjin*. Tokyo: Jiji Tsushinsha, 1982.

Murashima Kenichi. "Insutanto shokuhin somakuri." *Ushio*, November 1966, 286.

Nakae Katsuko. "Shoku no sengo seken shi (9): shoku no ibento ka ga susumu." *Hito to Nihonjin*, April 1983, 106–13.

Nakamura, Takafusa. *Economic Growth in Prewar Japan*. New Haven, CT: Yale University Press, 1983.

——. *The Postwar Japanese Economy: Its Development and Structure, 1937–1994*. Tokyo: University of Tokyo Press, 1995.

National Public Radio. "'Lucky Peach': An Irreverent Look at Cooking." All Things Considered, August 5, 2011. www.npr.org/2011/08/07/139019770/lucky-peach-an-irreverent-look-at-cooking.

Nissin Foods Corporation. *Shoku tarite yo wa taira ka: Nisshin Shokuhin shashi*. Osaka: Nissin Foods Corporation, 1992.

Nihon Keizai Shimbun. "Share Survey: Instant Noodles." August 7, 2005. www.nni. nikkei.co.jp/AC/TNKS/Search/Nni20040807D06MS301.htm.

Oda Kazuhiko. *Nihon ni zairyu suru Chugokujin no rekishiteki henyo*. Tokyo: Fueisha, 2010.

Oguma, Eiji. *A Genealogy of Japanese Self-Images*. Victoria, Australia: Trans-Pacific

Press, 2002.

Ohnuki-Tierney, Emiko. *Rice as Self: Japanese Identities through Time*. Princeton, NJ: Princeton University Press, 1993.

Okada Tetsu. *Ramen no tanjo*. Tokyo: Chikuma shobo, 2002.

Okumura Ayao. *Shinka suru menshoku bunka*. Tokyo: Foodeum Communication, 1998.

Okuyama Koshin. *Takaga Ramen, Saredo Ramen*. Tokyo: Shufu no tomo, 1982.

Okuyama Tadamasa. *Bunka menruigaku: ramen hen*. Tokyo: Akashi shoten, 2003.

——. *Ramen no bunka keizaigaku*. Tokyo: Fuyo shobo shuppan, 2000.

Olshan, Jeremy. "Cell-Block Busters: Sale Items Spice Up Life at Rikers Prison." *New York Post*, March 1, 2010. www.nypost.com/p/news/local/cell_block_busters_OJz5YxDJrupc00khqpmwCP.

Orkin, Ivan. *Ivan's Ramen*. Tokyo: Little More, 2008.

Orkin, Ivan, and David Chang. "Ivan Ramen." *Lucky Peach* 1 (Summer 2011): 36.

Osaki Hiroshi. *Nihon ramen hishi*. Tokyo: Nihon keizai shinbun shuppansha, 2011.

Oshiro, Kenji K. "Postwar Seasonal Migration from Rural Japan." *Geographical Review* 74, no. 2 (April 1984): 145–56.

Otsuka Shigeru. *Shushoku ga kawaru*. Tokyo: Nihon Keizai Hyoronsha, 1989.

"Prison Cuizine [sic]." http://wkbca.xankd.servertrust.com/v/vspfiles/downloadables/PRISON_RECIPES.pdf.

Robertson, Jennifer. "Furusato Japan: The Culture and Politics of Nostalgia." *International Journal of Politics, Culture, and Society* 1, no. 4 (Summer 1988): 494–518.

Rostow, W. W. *The Stages of Economic Growth: A Non-Communist Manifesto*. Cambridge, MA: Harvard University Press, 1960.

Sano Minoru. *Sano Minoru no ramen kakumei*. Tokyo: Asahi Shinbun, 2009.

Sakai, Naoki. " 'You Asians': On the Historical Role of the West and Asia Binary." In *Japan after Japan: Social and Cultural Life from the Recessionary 1990s to the Present*, ed. Tomiko Yoda and Harry Harootunian, 167–94. Durham, NC: Duke University Press, 2006.

Satomi Shinzo. "Yokohama 'Ramen hakubutsukan' gyoretsu no kai." *Bungei shunju*, July 1949, 308.

Satomura Kinzo. "Shina soba ya kaigyo ki." *Kaizo*, December 1933, 54.

Schaede, Ulrike. *Cooperative Capitalism: Self-Regulation, Trade Associations, and the Anti-Monopoly Law in Japan.* New York: Oxford University Press, 2000.

Schaller, Michael. *The American Occupation of Japan: The Origins of the Cold War in Asia.* New York: Oxford University Press, 1987.

——. "Securing the Great Crescent: Occupied Japan and the Origins of Containment in Southeast Asia." *Journal of American History* 69, no. 2 (September 1982): 392–414.

Shibata, Shigeru. "U.S. Foreign Assistance to Japan (MSA) and the Japanese Aircraft Industry after the Korean War (1950–53)." *Socio Economic History: Shakai keizai gaku* 67, no. 2 (2001): 169–90.

Shively, Donald H., ed. *Tradition and Modernization in Japanese Culture.* Princeton, NJ: Princeton University Press, 1971.

Shoji Sadao, ed. *Ramen Daisuki!!* Tokyo: Tojusha, 1982.

Shosetsu Koen. "Reito shokuji." December 1955, 84.

Shosetsu Koen. "Yabusaka taidan: shinka suru ramen." March 2000, 194–201.

Shukan Asahi. "Insutanto jidai desu: ishokuju nandemo 'sokuseki.' " November 13, 1960.

Shukan Asahi, ed. *Nedan no Meiji, Taisho, Showa, Fuzoku shi, jokan.* Tokyo: Asahi Shinbunsha, 1987.

Shukan Gendai. "Kokyu ramen wa doko ga chigaunoka." November 27, 1982.

——. "Shokutsu meishi no sokuseki ramen mikaku shinsa." October 28, 1971.

——. "Teiban Shina soba kara Wakayama, Asahikawa made 'kotoshi kaiten shita ramen ya' umasa de eranda 50 ten." December 15, 1998.

Shukan Sankei. "Datsu-sara repoto." January 22, 1976.

Shukan Shincho. "Chuka soba Taishoken de tsui ni gekkyu yonju man no kyujin hokoku." September 21, 1989.

——. "Insutanto shokuhin no saiten: osugiru 'aji sae gaman sureba." March 13, 1961.

Silverberg, Miriam. "Constructing a New Cultural History of Prewar Japan." In *Japan in the World*, ed. Masao Miyoshi and H. D. Harootunian. Durham, NC: Duke University Press, 1993.

Smil, Vaclav, and Kazuhiko Kobayashi. *Japan's Dietary Transition and Its Impacts.* Cambridge, MA: MIT Press, 2012.

Sorensen, Andre. *The Making of Urban Japan: Cities and Planning from Edo to the*

*Twenty-First Century*. New York: Psychology Press, 2004.

Sorkin, Michael, ed. *Variations on a Theme Park: The New American City and the End of Public Space*. New York: Hill and Wang, 1992.

Suzuki, D. T. *Zen and Japanese Culture*. New York: Pantheon Books, 1959.

Suzuki Takeo. *Amerika komugi senryaku to Nihonjin no shokuseikatsu*. Tokyo: Fujiwara shoten, 2003.

Sunday Mainichi. "Insutanto ramen kigen junen." March 12, 1967.

Takemura Tamio. *Taisho bunka teikoku no yutopia: sekaishi no tenkanki to taishu shohi shakai no keisei*. Tokyo: Sangensha, 2004.

Takenaka Masaharu. *Ramenya to makudonarudo*. Tokyo: Shinchosha, 2008.

Tamamura, Toyo'o. "Takaga ramen ga 'Nihonjin erai ron' ni naru kowasa." *Shukan Yomiuri*, May 8, 1983.

Tanaka, Stefan. *Japan's Orient: Rendering Pasts into History*. Berkeley: University of California Press, 1993.

Tipton, Elise. *Being Modern in Japan: Culture and Society from the 1910s to the 1930s*. Honolulu: University of Hawai'i Press, 2000.

Trouillot, Michel-Rolph. *Silencing the Past: Power and the Production of History*. Boston: Beacon Press, 1997.

Tsuda, Takeyuki. *Strangers in the Ethnic Homeland: Japanese-Brazilian Return Migration in Transnational Perspective*. New York: Columbia University Press, 2003.

Tsurumi Yoshiyuki. *Banana to Nihonjin*. Tokyo: Iwanami Shinsho, 1982.

United States Strategic Bombing Survey. *The Japanese Wartime Standard of Living and Utilization of Manpower*. Washington, DC: Manpower, Food, and Civilian Supplies Division 1947.

United States War Food Administration. *Final Report of the War Food Administrator, 1945*. Washington, DC: U.S. Government Printing Office, 1945.

Watt, Lori. *When Empire Comes Home: Repatriation and Reintegration in Postwar Japan*. Cambridge, MA: Harvard University Asia Center, 2010.

Winer, Adam. "Ramen: Suck It Up! How the Dorm Room Staple Became the Gastronomic Must-Slurp of the Moment." *Maxim*, December 2009, 63.

Wrightson, Erica Zora. "Meet Your Food Blogger: Rickmond Wong of Rameniac." *LA*

*Weekly*, October 8, 2009. http://blogs.laweekly.com/squidink/2009/10/meet_your_food_blogger_ramenia.php.

Yamamoto Mizue. "Aji o kitaeru: Shina soba 'Koka.' " *Sunday Mainichi*, November 26, 2000.

Yamanouchi, Yasushi, J. Victor Koschmann, and Ryuichi Narita, eds. *Total War and "Modernization."* Ithaca, NY: Cornell University Press, 1998.

Young Lady. "Kore wa ikeru: shin sokuseki yashoku 20." December 4, 1972.

Young, Louise. "Marketing the Modern: Department Stores, Consumer Culture, and the New Middle Class in Interwar Japan." *International Labor and Working-Class History* 55 (April 1999).

电影

*Bangiku (Late Chrysanthemums)*. Director Mikio Naruse. Toho 1954.

*Hausu (House)*. Director Obayashi Nobuhiko. Toho 1977.

*Hitori Musuko (The Only Son)*. Director Ozu Yasujiro. Shochiku 1938. DVD 2003

*Lost in Translation*. Director Sofia Coppola. American Zoetrope/Tohokushinsha 2003.

*Ochazuke no aji (The Taste of Tea over Rice)*. Director Ozu Yasujiro. Toei 1952.

*Ramen Girl*. Director David Allan Ackerman. Image Entertainment 2008.

*Sanma no Aji (An Autumn Afternoon)*. Director Ozu Yasujiro. Shochiku 1962.

*Tampopo (Dandelion)*. Director Itami Juzo. Itami Production 1985.

文
景

社 科 新 知　文 艺 新 潮

Horizon

拉面：国民料理与战后"日本"再造

[美]乔治·索尔特　著

李昕彦　译

出 品 人：姚映然
责任编辑：周官雨希
营销编辑：胡珍珍
封扉设计：许晋维
美术编辑：安克晨

出　　品：北京世纪文景文化传播有限责任公司
　　　　　（北京朝阳区东土城路8号林达大厦A座4A　100013）
出版发行：上海人民出版社
印　　刷：北京盛通印刷股份有限公司
制　　版：北京楠竹文化发展有限公司

开 本：850mm×1168mm　1/32
印 张：8.5　　字 数：155,000　　插页：2
2022年1月第1版　　2022年1月第1次印刷
定 价：59.00元
ISBN：978-7-208-17245-6/K·3118

图书在版编目（CIP）数据

　拉面：国民料理与战后"日本"再造 /（美）乔治
·索尔特（George Solt）著；李昕彦译. —— 上海：上
海人民出版社，2021
　书名原文：The Untold History of Ramen: How
Political Crisis in Japan Spawned a Global Food Craze
　ISBN 978-7-208-17245-6

　Ⅰ.① 拉… Ⅱ.① 乔… ② 李… Ⅲ.① 面食-饮食-
文化史 - 日本　Ⅳ.①TS971.203.13

中国版本图书馆CIP数据核字（2021）第162295号

本书如有印装错误，请致电本社更换　010-52187586